★ 特殊天气 ★

DANGEROUS WEATHER

耀眼的暴风雪

气候变化会减少雪暴吗

BLIZZARDS

[英] 迈克尔·阿拉贝/著

戴东新/译

上海科学技术文献出版社
Shanghai Scientific and Technological Literature Press

图书在版编目（CIP）数据

耀眼的暴风雪：气候变化会减少雪暴吗 /（英）阿拉贝著；戴东新译．—上海：上海科学技术文献出版社，2014.8

（美国科学书架：特殊天气系列）

书名原文：Blizzards

ISBN 978-7-5439-6103-6

Ⅰ．① 耀… Ⅱ．①阿…②戴… Ⅲ．①暴风雪—普及读物 Ⅳ．① P425.5-49

中国版本图书馆 CIP 数据核字（2014）第 008696 号

图字：09-2014-110

总 策 划：梅雪林

项目统筹：张　树

责任编辑：张　树　李　莺

封面设计：一步设计

技术编辑：顾伟平

耀眼的暴风雪・气候变化会减少雪暴吗

[英]迈克尔・阿拉贝　著　戴东新　译

出版发行：上海科学技术文献出版社

地　　址：上海市长乐路 746 号

邮政编码：200040

经　　销：全国新华书店

印　　刷：常熟市人民印刷有限公司

开　　本：650×900　1/16

印　　张：19

字　　数：211 000

版　　次：2014 年 8 月第 1 版　2016 年 6 月第 2 次印刷

书　　号：ISBN 978－7－5439－6103－6

定　　价：32.00 元

http://www.sstlp.com

目录

前言

2000年新年前夜，疾风尽扫中国北部的内蒙古自治区，经历了半个世纪以来最严重的雪暴，这场雪暴在一些地区持续了3天。一个刚从校车下来的小女孩因辨不清方向，迷路了。当气温降到–58℉（–50℃）时，她被冻死了。那一次有39人遭此厄运。

相当一部分地区的人们受到不同程度的影响，受灾最严重的是锡林郭勒盟、赤峰和兴安盟地区的6万牧民，他们谋生全凭山羊、绵羊、牛、骆驼和马。22万只牲畜被冻死埋在雪下。牲畜的死亡断绝了人们的食物供应。千里冰封，雪与冰的厚度达14英寸（35.6厘米）。存活的牲口也吃不到草。在冰雪覆盖的土地上，人们很难捡到家畜的干粪，用于家庭取暖。人们面临着饥饿、燃料不足的严峻挑战。没有柴烧，就不能抵御严寒的侵袭。

少数民族事务委员会、中国慈善基金会、国际红十字协会与红新月会合作发出倡议，为救援工作付出一定程度的努力。

这就是雪暴。

美国与欧洲的冬季风暴

那年冬天美国也饱受雪的煎熬。10月下旬，狂怒的风暴引发的雪暴和龙卷风席卷了北达科他州。雪暴一次性把深10.8英寸（27.4厘米）的雪倾泻在格兰德福克斯（北达科他地区），打破了1926年8.2英寸（20.8厘米）的纪录。法戈（美国北达科他州东南部城市）北部的公路上，卡车在慢慢滑行时至少必须带有两个雪橇铲雪。一个月后，更多的雪暴横扫从怀俄明州到明尼苏达州的北部平原。

大雪、雪暴引起了2001年11月份的混乱。在威尼斯,刚朵拉（一种狭长的轻型平底船，船头船尾沿曲线形成一点，船中部通常有小船舱，船尾用单桨划水前进，在威尼斯水道上使用）被大雪覆盖，希腊飞机场被迫关闭，西班牙北部的公路上到处塞满了轿车与卡车，这些车是因为大雪无法行进才被迫放弃的。英国也没有逃脱雪暴的魔掌。2002年2月，由于能见度很低，道路上到处是冰，交通事故急剧增加。军用飞机在去往援救集散在约克郡公路的人群时，因为天气情况不断恶劣而被迫停机。

1996年的雪暴

这一年的冬天不是很冷，美国的绝大部分地区比平常更为干燥，天气比过去要糟糕得多。1月7日，华盛顿、阿帕拉契山脉的很多地区以及中部诸州，经历了70年来最大的一场雪暴后，白雪皑皑。在南卡罗莱纳州，大学生在雪中玩耍；一个在白宫附近慢跑的男子把大雪描绘成“灿烂辉煌、雄伟壮观、令人惊叹的景象”。而对绝大多数人来说，雪暴具有巨大的破坏作用，至少有65人因此而死去。纽约的邮递业务受到影响而延迟，机场的雪尘飞烟使积雪达20英尺（6米）深。联合国大楼被迫关闭。人们上班途经泰晤士广场时，必须走高处，踩着厚厚的积雪,穿过时代广场,赶到工作地点。在弗吉尼亚州的部分地区以及田纳西州部分积雪深达30英尺（9米）。而在肯塔基州东部积雪达24英尺（7米）深，即使在佐治亚州的东北部积雪也深达1英尺（30厘米）。弗吉尼亚州的谢南多尔国家公园被掩盖在近4英尺（1.2米）深的积雪下。雪暴影响了17个州，9个州宣布处于紧急戒备状态。

在这段不幸的日子里，一个晚上，在速度高达每小时25—35英里（40—56公里）的狂风吹动下，积雪达20—30英寸（51—76厘米）深。风速虽比较稳定，但当东部与北部起风时，最后到达大西洋前，风速最高达每小时50英里（80公里）。

还没等人们清理好积雪，新的风暴又降临了，100多人死亡。华盛顿的联邦政府办公室重新启动一天后，第二天便关闭了。这时雪发挥了威力，其自身的重量造成了巨大的破坏。哈莱姆区（纽约的黑人住宅区）一座教堂的屋顶掉了下来。纽约的北马萨皮夸（美国纽约州东南部的一个未经特许成立的社区，位于长岛南岸和米尼奥拉市的东南）超市，还有宾夕法尼亚州的一个园艺中心、一个粮仓也倾倒了。在俄亥俄州的安大略，一家店面的屋顶也塌陷下来。在弗吉尼亚的戴尔城，全国最大的购物广场之一——波托马可购物商场，因积雪过沉屋顶下陷，不得不关闭一天。

总统日

雪暴似乎对2月份的第三个星期一,美国的总统日情有独钟。1979年、1983年与2003年的这一天,雪暴乐此不疲。后来人们把2003年总统日的风暴称为“世纪风暴”,这毕竟在21世纪发生得过于早些,给人一种雪暴早熟之感。

是否是世纪风暴并不重要,但毋庸置疑,它虽然没有给所有地方带来雪暴,可造成了广泛、严重的影响。从2月15日星期六到2月17日星期一(总统日),这场雪暴影响了从马萨诸塞到弗吉尼亚,再到华盛顿的美国东海岸大部分地区。在一些地方,从天而降的积雪深达2英尺(60厘米),严重影响了连接波士顿、纽约与费城的城市走廊的旅游业。因为寒冷和大风,积雪厚厚地躺在地面上,毫无消逝之意。所以总统日风暴比其他任何时候的风暴都更具破坏力。

恶劣天气的代价

我们总是把雪暴同北部和南极洲联系起来。当然,这种现象确实在此两地相当盛行,但并不会造成伤害。因为在北斯堪的纳维亚半岛(瑞典、挪威、丹麦、冰岛的泛称)、西伯利亚及加拿大北部,人烟稀少,也没有人会永久地居住在南极洲。当外界很冷,难以到户外工作时,科学家就留在安全、温暖的室内。

但我们已经提到了雪暴确实在低纬度地区,诸如中国、欧洲和美国出现了,并且后果严重。中国内蒙古自治区的牧民们住在蒙古包里，这种房子是由兽皮、羊毛或其他手感柔软的材料搭在木杆上建造而成的。虽然易于组合、拆卸和运输，但当天气异常寒冷，居民们没有做饭和取暖的燃料时，很难适用。美国东部和欧洲人口密集，人们需要交通工具、电话和电力供应，而这些都受阻于大雪，并且也造成了巨大的财产损失。保险业声称，1996年以来，雪暴在美国造成的损失达到5.85亿美元。

究竟是什么把暴风雪转变成雪暴的

雪暴不仅仅是雪，它是狂风吹起的雪。当地面上的雪非常轻盈、呈粉末状时，很容易被风吹起来，犹如沙尘暴。这个词来源于美语，首次记录可追溯到1829年，最初可能是“blizzer”或“blizzom”这两个形容词，意思是“耀眼的”、“强烈的”。在美国内战时，步枪齐发子弹开火被称作是“blizzard”。1870年，一家印度报纸使用了这个词描述一场来势凶猛的暴风雪，这个用法就流行起来了。不出10年，它竟然专门被用来表达“雪暴”这个意思。

时至今日，美国国家海洋和大气局给雪暴下了一个定义，即风速不低于每小时35英里（56公里），温度不能低于20℉（–7℃），并且降雪量或吹雪量使能见度仅有1/4英里（400米）。

一

大陆性气候与海洋性气候

雪暴由风驱动的雪组成。强风随处可见，雪的产生需要两个条件：一是空气中必须有足够的水蒸气冷凝，形成云；二是水降落的形式是雪而不是雨。世界上的任何地方不是足够湿润就可以让雪暴出现，也并非温度足够低就能产生雪暴。

所有的天气，包括雪暴都是太阳辐射及它对空气的间接影响造成的。太阳发出的热量使大地与海平面升温，并与大气接触使空气升温。空气升温，就要膨胀，密度降低，这又引起了空气上升，而在上升过程中，势必引起温度降低。这就是绝热冷却（参见补充信息栏：绝热冷却与升温）。

空气中水蒸气的含量取决于温度。一种物质冷却下来时，分子消耗了能量。水分子消耗能量后，运动速度减慢，彼此之间的碰撞也不太激烈。如果冷却到足够的温度，运动速度慢到一定程度，分子彼此靠近，结成组群。分子之间通过氢键结合在一起，氢键是一个分子中的氢原子与其相邻分子中的氧原子结合而成的。随后，这些组群聚合在一起形成了水滴。降温时，水蒸气冷凝，形成了云；升温时，分子获得了足够的能量脱离氢键的控制，水蒸发到空气中。

季节与倾斜的地球

如果过去、现在与将来发生的天气情况相同，那么天气就容易理解了，只不过有些单调，每一天不会有太大的变化，更不会有季节的变化。

之所以有季节，是因为地球围绕着轴心有所倾斜。到目前为止，地球还差23.45° 保持垂直。每4.1万年一个循环，角度在22.1° —24.5° 之间变化。当地球在轨道上围绕太阳运行时，先是北半球，后是南半球向着太阳方向有所倾斜。从图2中，我们可以看到：轴倾斜改变了每个半球接收太阳能量的多少，并在强度上和持续时间的长短上有所差别。夏日比冬日长；南极圈和北极圈是区域的分界线，标志着在这两者中，冬季至少有一天太阳绝不会从地平线升起，夏季至少有一天太阳绝不会沿地平线落下。而对于南北回归线，则一年中分别有一天，太阳光会直射在回归线上。

回归线指南纬23.3° 和北纬23.3°，北极圈和南极圈分别是北纬66.3° 和南纬 66.3°（90°—23.5°）。极圈是地球的轴倾斜造成的，若地球是垂直的，极圈就不会存在。

补充信息栏　绝热冷却与升温

底层空气总是承受着来自上层空气的压力。我们用气球来举个例子。图中是一只被吹起了一半的气球。由于气球是用绝热材料制成的，因此不管气球外面的温度如何变化，气球内部始终是恒温的。

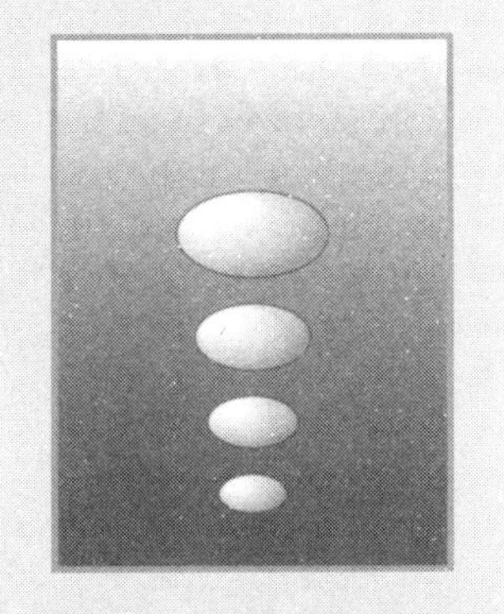

图1　气压对上升与下沉空气的影响

现在气球升入空中。假设气球内部空气的密度小于气球上方的空气密度，气球一路上升。受上方空气压力和下方高密度大气的联合影响，气球内部的空气不断受到挤压，但是气球最终还是升到了高空。

随着高度的增加，气球距离大气顶层的距离越来越短，气球上方的空气越来越少，对气球产生的压力也随之减小，同时由于空气密度越来越小，来自底层空气的压力也在减小。气球内的空气开始膨胀。

当气体膨胀时，其分子间的距离会加大，也就是说虽然分子的数量没有增加但占据的空间变大了。所以分子间会不断冲撞以使其他分子为自己让路，这就要消耗掉一部分的能量。所以气体膨胀过程中会有能量的丢失，而能量的减少又减缓了分子运动的速度。当运动着的分子撞击到其他分子时，有一部分动能会被受撞击的分子吸收并转化成热量。

受撞击的分子的温度会随之增加，增加的幅度与撞击它的分子的数量和速度有关。

随着气球膨胀程度的增加，分子间的距离越来越大，所以每次只有少量的分子相互撞击，并且由于分子运动速度下降，撞击的力度也使气球内空气温度下降。

当气球内部的空气密度大于外部空气的时候气球开始下降。气球上方的压力逐渐加大，气球收缩变小。气球内部的空气分子获得更多的能量后温度开始回升。

通过以上的分析我们看出气球内部空气温度的上升和下降与气球外部的空气无关。空气的这种升温和降温方式被称为绝热冷却和升温。

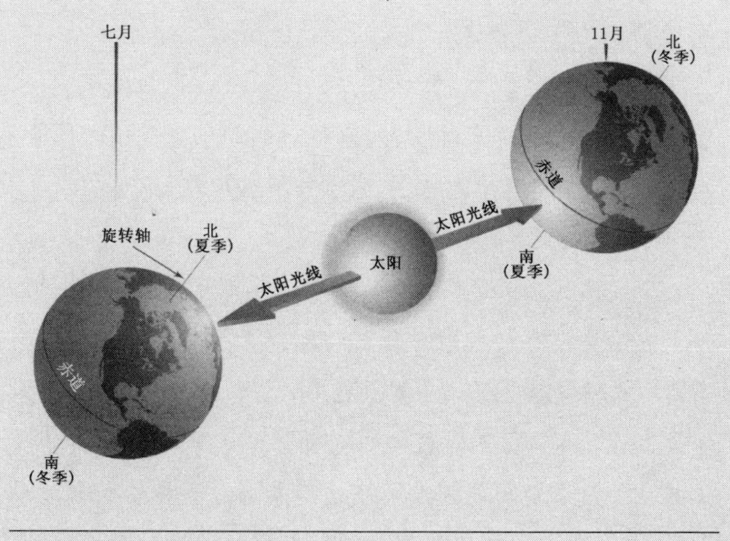

图2　轴倾斜是如何产生季节的

即使地球不是倾斜的，两极还是比热带地区冷，而且要比现在还冷。这是因为在夏季，倾斜的地轴会把两极对着太阳。它们冷是因为表面吸收的光和热散发到广阔的区域，这时候，天上太阳挂得太低了，因此日光不那么强烈。

空气与水的流动

地球上热量的不平均造成了空气的流动。在大气底层的*对流层*中，产生了大气环流（参见补充信息栏：大气环流）。空气既垂直，又水平运动。世界上有许多高压带，是稠密的空气不断下沉引起的；也有许多低压带，是较为稀薄的空气不断上升引起的。

天气形成的主要因素是大气环流与海洋，前者居首要地位。海洋的升温与冷却，比陆地要缓慢得多（参见补充信息栏：冷空气与暖水流中的“比热与黑体”）。夏季，地面升温较快，上面的空气也变得十分温暖。如果陆地上方的空气移到海洋上空，会很快冷却。冬季，情况与此相反。

海洋水温并非一致，而且它还会以洋流的形式传导热，把温水从赤道运走或把冷水从极地运走。在海洋里，这些洋流形成环流，以逆时针的方向在南北半球进行循环。因此，我们不难理解为什么大陆东海岸比西海岸的气候温暖，是环流发挥了作用，它用清凉的水冲洗西海岸，用温暖的水冲洗东海岸。例如：北纬36.85°的弗吉尼亚州的诺福克，每年日平均气温为68℉（20℃）；北纬37.48°的旧金山（美国加利福尼亚西部港市），日平均气温为58℉（15℃）。

补充信息栏　大气环流

地球上，北回归线和南回归线是地带分界线，标志着在这两个地带上，一年中分别有一天，太阳光会直射在线上。而北极圈和南极圈同样也是一个区域分界线，标志着在这个区域里，太阳每一年中至少有一天不从地平线上升起，有一天不从地平线上落下。

如果一束不太宽的太阳光线在我们的正上方，光线从正上方洒落时能量只分布在一个狭小的区域，这要比太阳从斜上方洒落时能量分布的面积小得多。因为光线的宽度是一样的，每束光线所含的能量是相等的，因此这就是为什么热带地区比地球上其他地区更容易受热，为什么我们离赤道越远，接受的热量就越少的原因。

同其他地区相比，赤道地区的太阳光线异常强烈，但空气的流动会把热量从赤道地区传递出去。在赤道附近，温暖的地面使与之接触的空气升温，升温的空气上升到距地面10英里（16公里）的对流顶层，并开始向南或向北运动，离开赤道。空气上升，其气温必然降低，这就使远离赤道的高空空气气温变冷，大约为–85℉（–65℃）。

赤道气团在北纬和南纬30°下降，其温度上升。到达地面的干热气团，使这个地区温度上升，虽然离赤道有一定距离。在地表，气团开始分流。这个区域是零级风区域，有时被称作无风带。绝大多数气团返回赤道，一些远离赤道。南北气团在热带复合带相遇，这个循环形成了哈得莱环流。

极地的气温很低。气团下降到达地表时，开始游离于极地。在北纬和南纬50°—60°地区，来自极地的气团与来自赤道的气团相遇，猛烈撞击，并上升到对流顶层，大约距地表7英里（11公里）处。一些流回极地，形成了极地环流；一些流向赤道，形成费雷尔环流（是由美国气象学家费雷尔发现的）。

紧接着，你会发现在赤道暖气团上升，在亚热带沉到地表，然后在低空飘移到南北纬55°后上升，继续行进到极地。同时，在极地下沉的冷空气流回赤道。

如果热量不像现在这样通过大气环流重新分布，赤道的天气比现在热得多，极地的天气比现在冷得多。

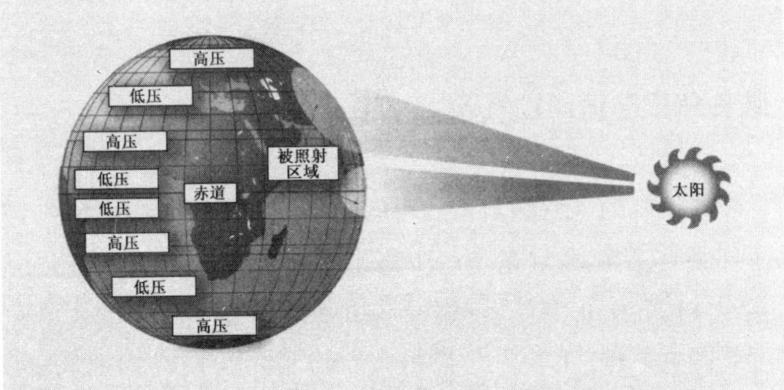

图3　全球气压分布

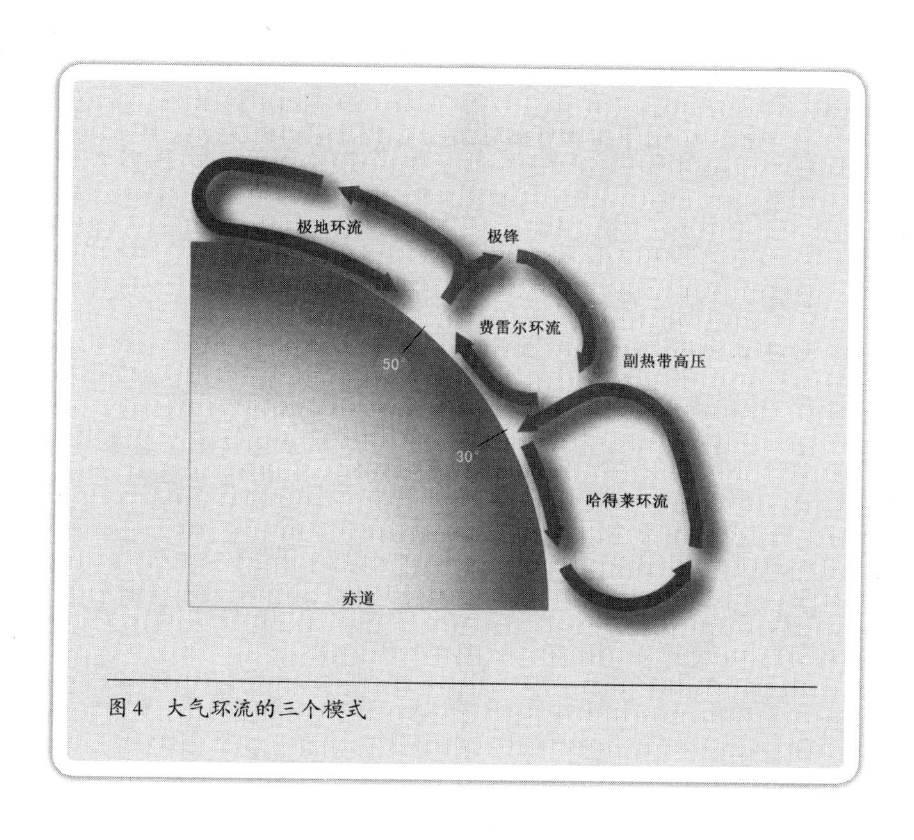

图4　大气环流的三个模式

大陆性气候与海洋性气候

海滨地区的气候受附近大洋的影响，被称作*海洋性气候*。邻近海洋意味着降水量在一年中是平均分布的。例如，纽约月降水量从11月份最小值3.0英寸（76毫米），到8月份最大值4.3英寸（109毫米）不等。北爱尔兰首府贝尔法斯特，4月份最为干燥，最近30年来平均降水量为1.8英寸（48毫米）；7月份最为潮湿，平均降水量为3.7英寸（94毫米）。平均温度保持得比较稳定，在纽约日平均气温的最小值是1月份的37℉（2.8℃），最大值是7月份的82℉（27.8℃）。在贝尔法斯特，平均日气温的最小值是1月份的43℉（6.1℃），最大值为7月份的65℉（18.3℃）。

因离海洋的距离较远，内陆地区气候比较干燥。内布拉斯加州的奥马哈与纽约处于同一个纬度，1月份最干燥，平均降水量是0.7英寸（18毫米）；6月份最为潮湿，平均降水量是4.6英寸（117毫米）。严冬和酷暑是大陆远离海岸，大洋对气温调节效果甚微的结果。奥马哈的日平均气温从1月份的30℉（–1℃）到7月份的86℉（30℃）不等。纽约的温差即最热与最冷温度之间的差异是45℉（25℃），奥马哈的温差为56℉（31℃）。而在贝尔法斯特以南的德国柏林，3月份最为干燥，降水量为1.3英寸（33毫米）；7月份最为潮湿，降水量为2.9英寸（74毫米）；1月份日平均气温为35℉（1.7℃），七月份为75℉（23.9℃）。贝尔法斯特的温差为22℉（12℃），柏林为40℉（22℃）。这些地区的气候有很大的温差，被称为*大陆性气候*。

计算大陆度与海洋度

绝大多数中纬度地区的气候是海洋性或大陆性气候，还有些地区是两者之间的过渡带。大陆度与海洋度都可以用数值来表示，是可以计算出数值的。

康拉德公式是1946年气象学家康拉德首创的，使用下面的公式

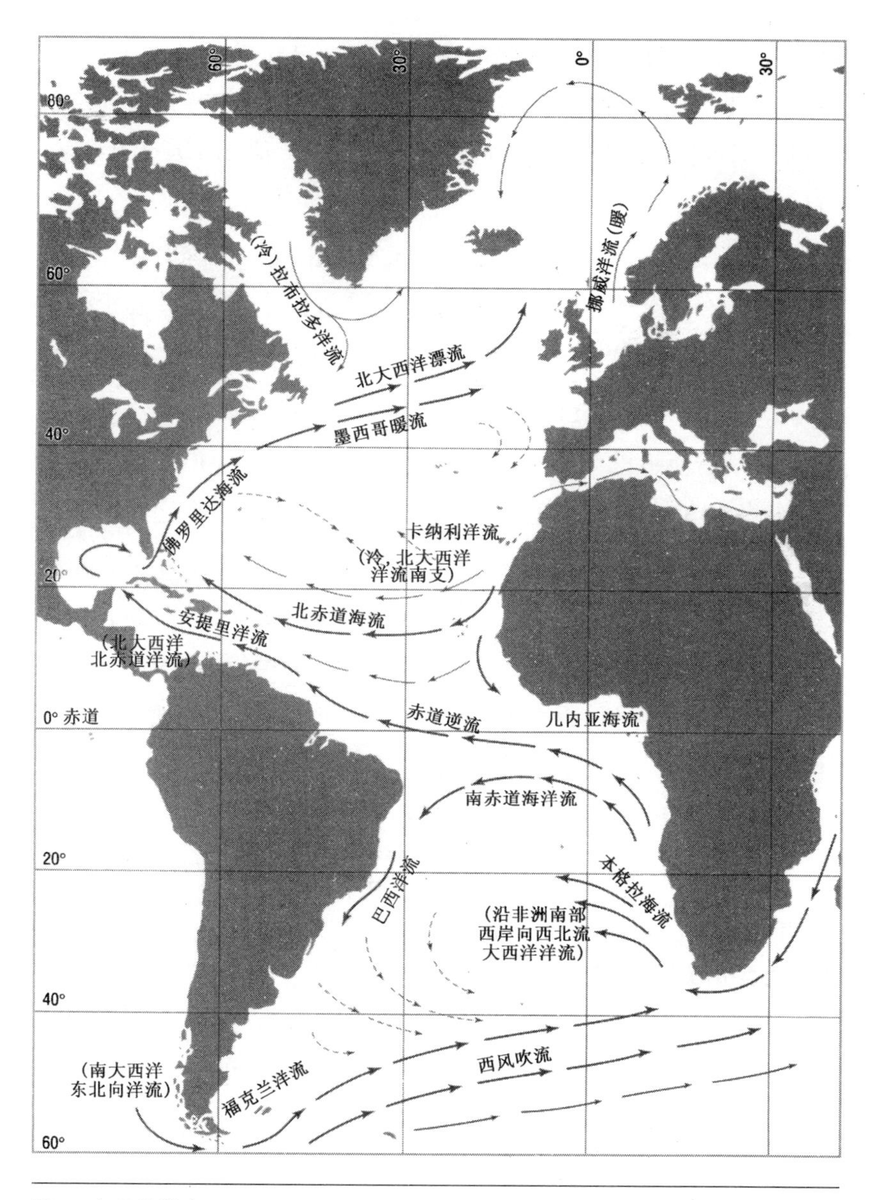

60°
30°
0°
30°
80°
60°
40°
20°
0° 赤道
20°
40°
60°
(冷)拉布拉多洋流
挪威洋流(暖)
北大西洋漂流
墨西哥暖流
佛罗里达海流
卡纳利洋流
(冷，北大西洋
洋流南支)
北赤道海流
安提里洋流
(北大西洋
北赤道洋流)
赤道逆流
几内亚海流
南赤道海洋流
巴西洋流
本格拉海流
(沿非洲南部
西岸向西北流
大西洋洋流)
西风吹流
福克兰洋流
(南大西洋
东北向洋流)

图5　大西洋洋流

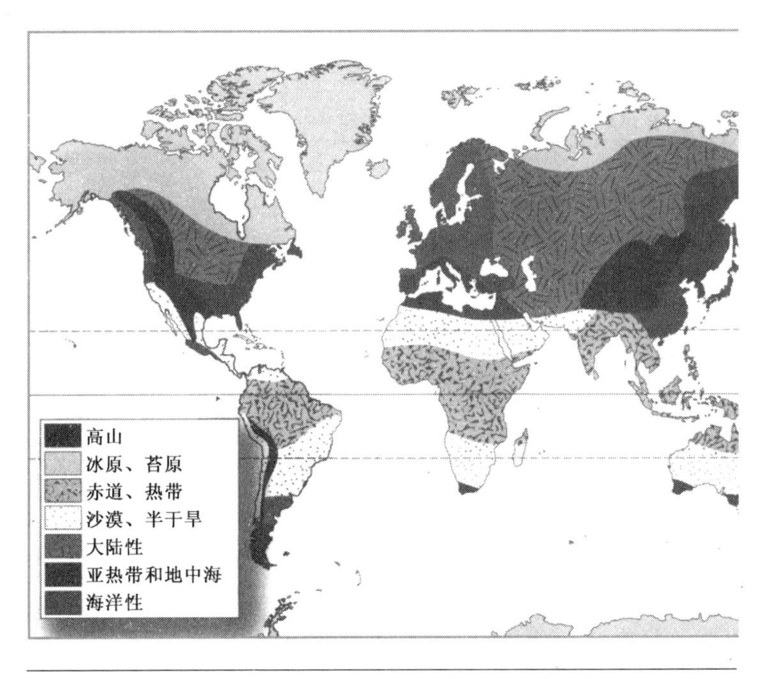

图6　主要气候类型

来计算大陆度：$K=1.7A/\sin(\Phi+10)-14$。A代表日平均气温的差额（即最大与最小气温之间的差额），Φ，希腊的phi，第二十一个字母，相当于英语的f或ph。全海洋性气候，大陆度为0；全大陆性气候，大陆度为100。

还有几个计算海洋度的公式（O），最简单的是：北半球的公式$O=100(T_o-T_a)/A$；南半球的公式$O=100(T_a-T_o)/A$。T_o是10月份的日平均气温，T_a是4月份的日平均气温，而A为日平均气温的差额，得出的结果是百分比：0%表明为极端大陆性气候，100%则表明极端海洋性气候。

如图6所示，中纬地区濒临亚北极（有苔原植被）和北极气候（南半球没有大陆向南延伸形成亚北极气候）。在赤道附近，中纬度地区气候主要是亚热带和地中海气候。

冬季气团的运动

地球的每个地区都有独特的气候，是大气产生了气候。更精确地说，与气候紧密结合的是某种特别的大气，而非地理位置。毕竟，云在大气中形成，而非在地表形成。我们也能感受到大气的流动，那就是风。

大气的类型有所不同，但世界任何地方构成大气的成分都是相同的。即使某些地方大气满是灰尘或受到污染，但如果不考虑污染的成分，一切空气确实都是由以下几种气体组成的：78%的氮气、21%的氧气以及少量的二氧化碳、氖、氦、甲烷及其他5种气体。无论是南极、中部撒哈拉沙漠、某一南太平洋小岛或任何地方，这就是人呼吸的空气！

冷空气，高气压

不妨想象一下，在隆冬时节，置身于大陆的中部。秋天，地面已开始降温，天气异常寒冷，湖面与河流结冰了，坚硬得如同石头。大气温度与地表温度相同，地面上的水全部结冰，不能蒸发。气温的下降使大气中水蒸气的含量降低。如果气温在95℉（35℃）与–23℉（–30.6℃）之间，温度每下降18℉（10℃），水蒸气的含量就下降一半。补充信息栏“为什么暖空气比冷空气富含更多水分”解释了此原因。因此，即使有液态的水，蒸发量也很少。如果这时信步出户，确实能感受到干燥的空气真是又干净、又清新。

气温下降时，分子的能量有所降低，移动速度缓慢，聚集在一起比较紧密，所以冷空气比相同质量的暖空气占据的体积要小。如果冷空气的分子紧紧地挤在一起没有缝隙，就会比较稠密，每容积单位质量会增加。因为气体收缩，到处都是容纳气体的空间。上面的空气被吸引下来，取而代之的是流到这个地区来自高海拔的大气。来自地表的上升到顶层的大气包含更多的分子，因为大气在低温下比高温富含更多的分子。分子越多越沉，越沉对下面的压力就越大，不言而喻，地面上的气压增加了。

气团

辽阔的大陆必然被寒冷、稠密、干燥的大气所覆盖。在广袤无垠的土地上，气温、地表气压以及水蒸气含量基本相同。这些共同特征按垂直方向不断地延伸，使一团大气带有共同特征，这种大气形体叫做*气团*。气团为在陆地上生活的人们带来了天气变化（参见补充信息栏：气团与气团带来的天气）。如果气团覆盖在内陆地区，这就称作*大陆气团*。

*海洋性气团*是在海洋上空形成的，它与大陆气团不同。海洋性气团寒冷，却不像同一纬度的大陆气团温度那么低。在隆冬时节，海水比空气温暖；海洋气团中水蒸气的含量也远远高于大陆气团，这其中部分原因是温度高的海洋气团能多容纳一些水蒸气，但最主要的原因是它与液态水接触，所以海洋气团影响下产生柔和、湿润的天气。

温暖、潮湿的大气使人感到闷热、压抑，这是因为人主要通过蒸发从皮肤排汗来降温。蒸发吸收潜热（参见补充信息栏：潜热的发现），使身体降温。但如果空气十分潮湿，就不能再吸收水蒸气，汗得不到蒸发，我们就会汗流浃背，感到异常炎热，极不舒服。

补充信息栏　气团与气团带来的天气

大气缓慢穿越地表时，有时温暖，有时凉爽；在一些地方，水蒸发到气团中，而在一些地方，气团失去了水蒸气，特点发生了变化。

当大气穿越大陆和海洋的辽阔空间时，其主要属性和特点（主要指温度、气压、干度与湿度）比较均一，这种大块空气叫*气团*。

气团是否温暖、凉爽、潮湿或干燥，取决于它们形成的区域，它们也因此而得名。气团的名称与其缩写表述得非常直白，通俗易懂，大陆性气团（c）是在大陆上空形成的，海洋性气团（m）是在海洋上空形成的。按发源地的地理纬度，气团可分为冰洋气团（A）、极地气团（P）、热带气团（T）和赤道气团（E）。除了赤道气团以外，其他气团都可以相互结合，形成冰洋大陆气团（cA）、冰洋海洋气团（mA）、极地大陆气团（cP）、极地海洋气团（mP）、热带大陆气团（cT）、热带海洋气团（mT）。赤道的大部分地区是由海洋覆盖的，所以赤道气团是海洋性（mE）气团。

图7　影响北美的气团

北美受mP、cP、cT和mT气团影响，海洋性气团来自太平洋与大西洋或墨西哥湾，参见图7。气团从其发源地移动伊始，就发生变化，进程缓慢。最初，带来了决定其自身形成的天气状况：海洋性气团较为湿润，大陆性气团比较干燥，极地气团较为凉爽，热带气团较为温暖。从地表上看，极地气团与冰洋气团没有什么不同，但在大气顶层有所区别。

在秋季，cT和mT向赤道方向移动时，极地大陆气团（cP）南下，使美国中部地区变得寒冷、干燥；而从墨西哥湾流出的热带海洋气团与从内地流出的热带大陆气团相遇，产生了美国东南部地区的暴风雪。

当气团移动时

在大陆或海洋上空的空气不是静止的。气候是特定的，但气团是不断移动的，它形成于不断运动的大气，在长距离的行进中，气团形成了各自独有的特征。

在南北半球的中纬度地区，大气的流向主要从西向东，这也是主要风向。与这些复杂的风向体系交界区域的天气情况非常复杂，给天气预报工作带来了一定的难度。太平洋气团形成了北美西岸海洋性气候，例如，波特兰（美国俄勒冈西北部港市）的最高日平均气温超过了33℉（18.3℃），其变化范围从1月份的44℉（6.7℃）到7、8月份的77℉（25℃）。虽然7、8月份最为干燥，但全年每个月都有一定的降水量。

气团必须经过大陆行程2 000英里（3 200公里），才能到达大西洋。在此期间，气团丧失了许多水蒸气而具有大陆气团的特征。当它到达明尼阿波利斯（美国城市）时，较为干燥，气温超过了61℉（34℃），在1月份的22℉（–5.6℃）到7月份的83℉（28℃）范围内进行变化。来自太平洋的海洋性气团变成了大陆气团。

之后它穿越东海岸。如图8所示，在穿越大西洋3 000英里（4 800公里）的行程中，气团变暖，水蒸发到气团里，又变成了海洋性气团。这使西欧地区气候比较潮湿、稳定，但在穿越海岸时也失去了一大部分水蒸气，被迫上升。

当气团汇合时

当空气以恒定的速度稳步前行，到达大陆、海洋上空不断地获得新的特点时，就会产生每个地区"平常的"天气。当然，这不能解释一些极端天气类型，极端天气需要从"冲突，两个运动物体的碰撞"入手，而大气便是其成因。

不是所有气团都以相同的速度移动，冷气团比暖气团的移动速度快。因密度、温度的差异使气团混合融为一体的速度较慢，暖气

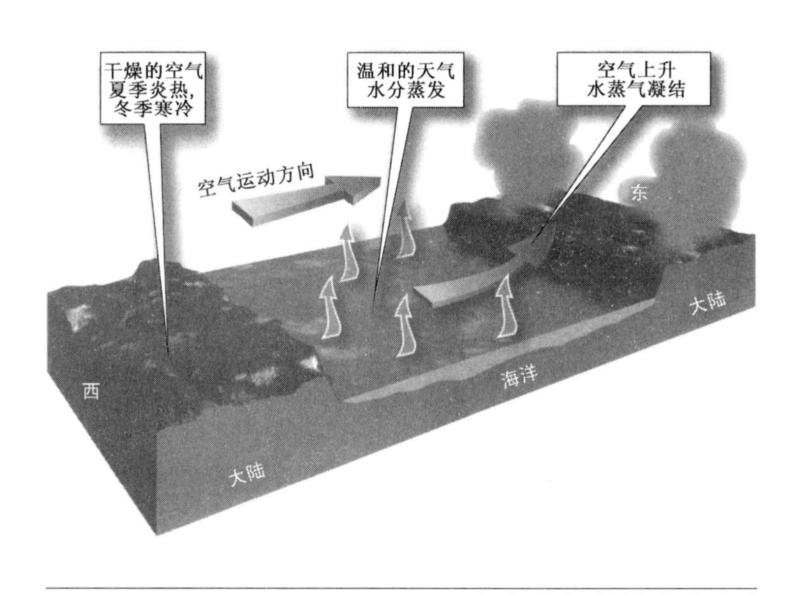

图8　气团穿越大洋时，其特点是如何变化的

团总在冷气团的上方形成界限分明的一层。前进的冷气团切入前面缓慢移动的暖气团下方，把它举起来。两个气团交汇的边界叫做*锋面*，极端天气最容易出现在锋面区域。

气团并非一直前进，永不停止。密度大的空气会停下来，在一个地区停留几天或几周，这叫作*阻塞高压*，它带来干燥、持续的天气，特别是冬季的严寒和夏季的炎热。尽管其他气团的道路受阻，但没有中途停止前进，而是改变了运行方向。

涡流是在移动的空气中形成的，与被称作急流的高度风路径的波动有关（参见补充信息栏：锋面）。有时这些涡流直径达1 000英里（1 600公里），持续几天，并在地表产生相对较高或较低气压，称作反气旋（高气压）和气旋（低气压）。

气压分布

在气团相遇明显交锋时，一些地区出现较高气压，另一些地区出现较低气压。高与低，如同冷与热，是相对而言的。如果空气压力确实比邻近空气压力高，这就是高气压。如果锋面后的冷空气温度较低，冷锋前端的暖空气温度要下降。图11向大家展示了北美洲的气压分布情况。

此气压分布是气团的向东运动引起的。在太平洋上空，海洋性气团在西部产生低气压。当空气穿越大陆成为大陆性气团时，气压升高，产生了两个高压区。大西洋上空的海洋性气团在东部产生低气压。气压的分布基本不变，这是空气的不断循环运动而形成的。

补充信息栏　锋面

在世界第一次大战中，挪威的威廉·皮叶克尼斯（1862—1950）领导的气象学研究小组发现空气形成了截然不同的气团。因其平均温度的不同，密度也有明显差别，这就使气团混成为一体相当困难，即使是邻近的气团。他把两个气团之间的狭窄过渡带称为*锋面*。

气团在海洋与大陆上空移动时，中间的锋面也在移动。锋面可分为冷锋和暖锋，这取决于锋面前与后的气团温度。如果锋面后的气团比前面的气团温暖一些，就是暖锋。如果锋面后的气团比前面的气团冷一些，就是冷锋。

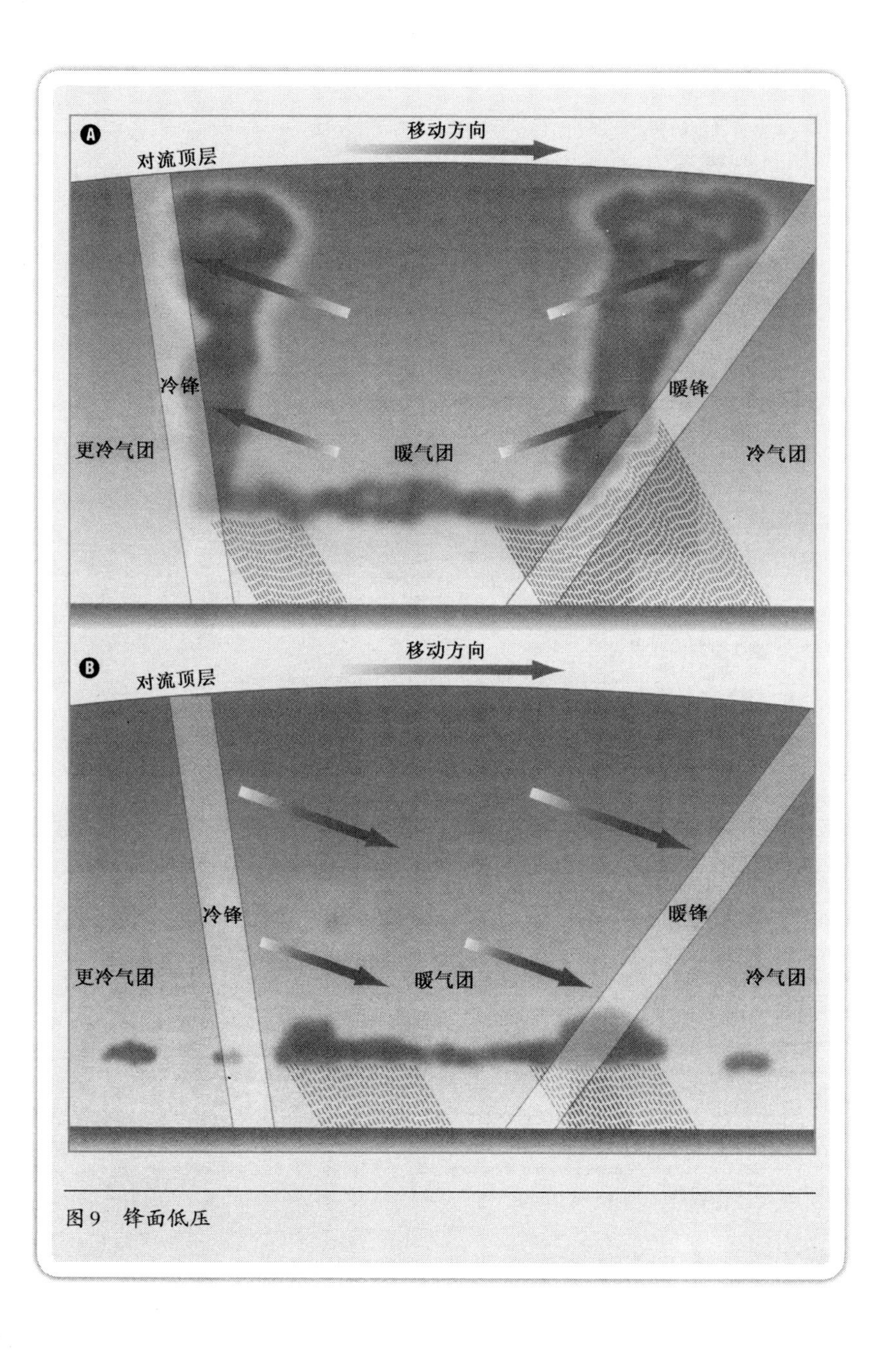

图9 锋面低压

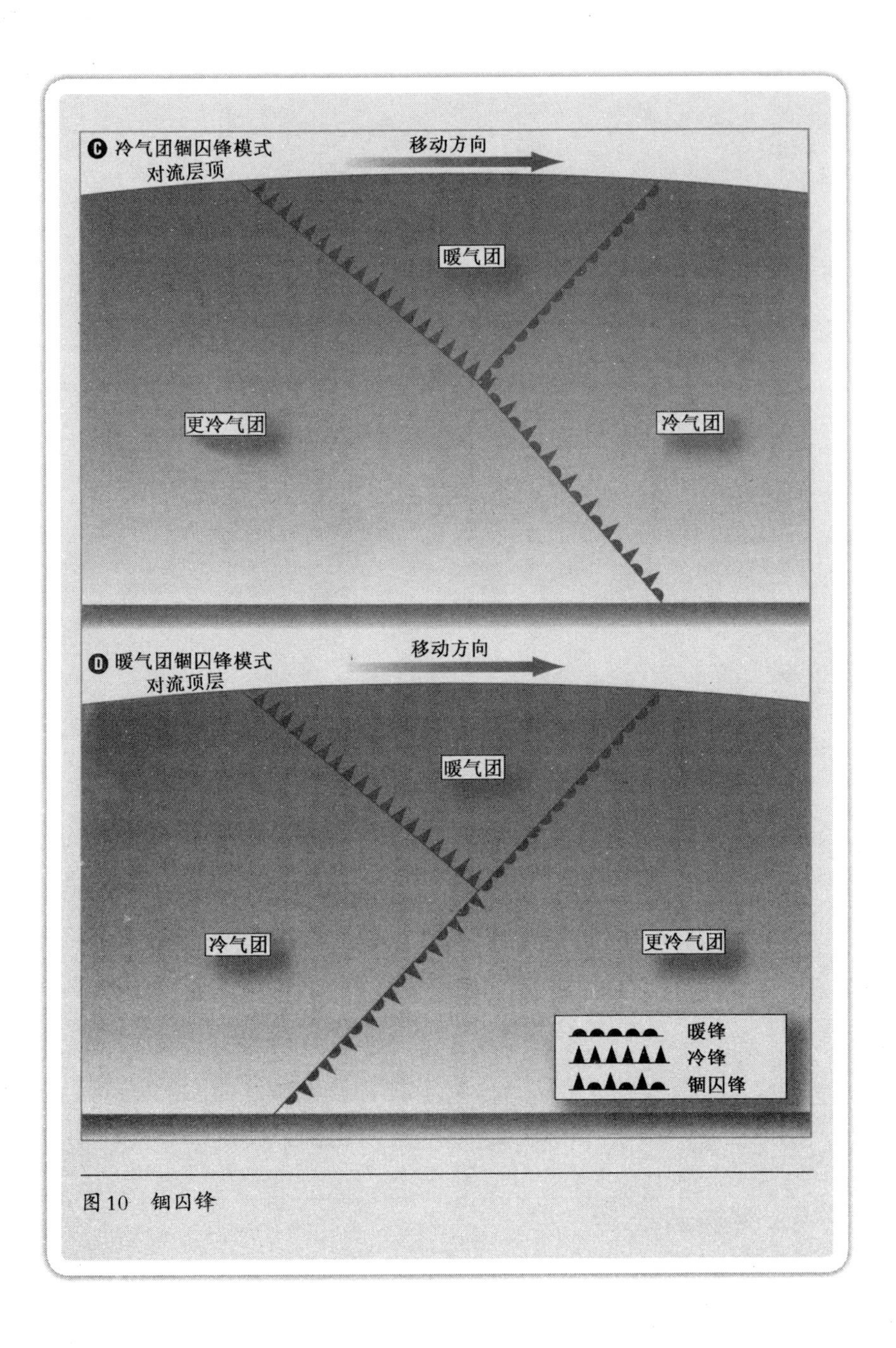
C 冷气团锢囚锋模式
对流层顶
移动方向
暖气团
更冷气团
冷气团
D 暖气团锢囚锋模式
对流顶层
移动方向
暖气团
冷气团
更冷气团
暖锋
冷锋
锢囚锋

图10　锢囚锋

锋面从地表一路延伸至对流层顶，大气层中的对流层和平流层（恒温层）的交界地带。锋面向上倾斜，犹如倾斜的碗面，但锋面坡度很小。暖锋的坡度大约为1°，冷锋的坡度大约是2°。这就说明当你在高远的天空上看到标志着暖锋要降临的卷云时，锋面与地面的接触点是在350—715英里（565—1 150公里）远的地方；而当你看到有冷锋出现的迹象时，冷锋与地面的交界处是185英里（300公里）的地方。

冷锋通常比暖锋行进速度快一些，所以冷气团易对暖气团进行斜切，插入暖气团下方，使它沿冷气团上升或被迫抬升。如暖气团已上升，它就沿着把它与冷气团分开的锋面，速度加快，继续上升，这时的锋叫上升锋，经常伴有乌云、暴雨或降雪天气。如果暖气团下沉，前进的冷锋就很少能举起它，这时的锋称作下滑锋，常伴有小雨或小雪。图9和图10是锋面系统的剖面图，锋面坡度确实夸张得有点令人咋舌。

锋形成后，在锋上形成一个波动，我们可以从天气预报图上看到。曲线的弧度越来越大时，在顶部形成了低气压，这叫做锋面低压或中纬度气旋（温带气旋），经常伴有潮湿天气。在波动顶层的下方，暖气团的两侧各有冷气团向其移动，冷锋比暖锋移动速度快，所以暖气团沿着两个锋面上升，直到它在地表消失为止。这样的锋面开始锢囚，形成的模式叫锢囚。

一旦锋锢囚，暖气团不再与地表接触，锢囚锋两侧的气团比暖气团的温度要低，有暖锋锢囚锋和冷锋锢囚锋两种模式，但名称不是空气的真正温度决定的，而是由气团比它后面的气团温度低还是高所决定的。在冷锋锢囚锋模式中，前面的气团比后面的气团温度高；在暖锋锢囚锋中，前面的气团温度较低。但有一点要注意：锋前和锋后气团始终比被从地表举到上方的暖气团温度低，剖面图说明了这一点。当暖气团升到上空，就形成了云，并且会有降水。最后，冷暖气团温度相同，混合到一起，锋面系统消散了。不过，通常情况下，会出现另一个锋面系统，锋面低压出现了。

补充信息栏 急流

在第二次世界大战期间，高空飞行刚刚兴起，空勤人员发现飞机的实际飞行时间与起飞前预算的时间有很大差异，预算的结果不可靠。但是他们发现当飞机从西向东飞行时，飞机的飞行速度大幅度增加。然而，如果按相反方向飞行，飞机的飞行速度又大幅度减慢。他们发现产生这种现象的原因是由于一股狭窄、有波动的风带正在以与飞机飞行速度相当的速率吹着，这就是急流。

如果飞机从上方或下面接近急流，飞行员会发现每1 000英尺（304.8米）高度风速每小时增加37—73英里（每1 000米高度风速每小时增加18—36公里）。如果飞机从侧面接近急流，离急流中心每近60英里（100公里）距离，风速每小时同样增加3.4—6.8英里（18—36公里）。急流中心的风速平均每小时为65英里（105公里），但是有时会达到每小时310英里（500公里）。

有几种急流。在冬季，极地锋面急流大约位于北纬30°—40°之间，在夏天大约位于北纬40°—50°，在南半球有与此对应的急流。亚热带急流全年大约位于南北半球30°，这些急流在南北半球从西向东吹。在夏天，大约在北纬20°，有一个从东吹向西的急流，这个急流越过亚洲和阿拉伯半岛南部，进入非洲东北部。

急流是热风，也就是说是隔离两种气团的锋面温度有明显差异，才会产生急流。这种差异最大的是对流层顶，有了对流层顶，急流才会在高处形成。极地锋面急流大约可达3万英尺（9 000米）高，亚热带急流大约可达4万英尺（1.2万米）高。极地锋面急流与极地锋面有关，极地锋面把极地空气与热带空气隔离开，在哈得莱对流高处的对流层上方产生造成亚热带急流的气温差。

极地急流变化很大，但是不是经常出现。亚热带急流更常见，所以当提到“急流”这一术语，经常是指亚热带急流。

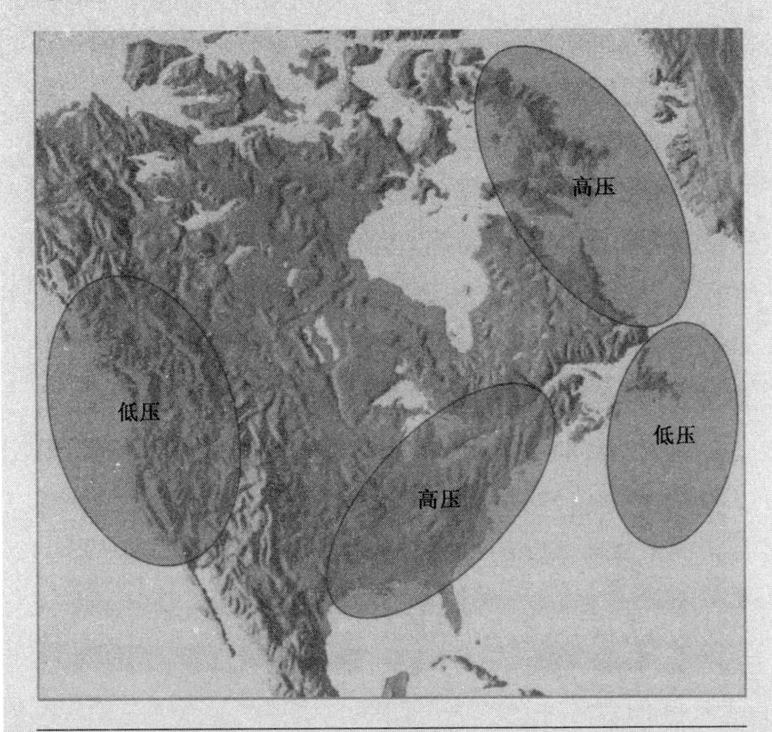

图11 北美的气压分布

补充信息栏　为什么暖空气比冷空气富含更多水分

水分子(H_2O)是有极性的，即在每个水分子中有一个氢的正电荷(H^+)和一个氧的负电荷(O^-)。两个电核电量保持平衡，所以分子保持中性，但一个水分子中的H^+原子被邻近水分子中的O^-吸引。

在液体水中，这种引力通过*氢键*把水分子结合在一起，形成小的分子群。这些分子群保持平滑的、连续的接触，氢键不断地破裂并重新组合。

当温度升高时，水分子吸收热能，其移动速度加快，对氢键就有张力。如果水分子吸收了充足的热能，完全能破坏氢键，使水分子彼此分离，离开液体水，自由移动的水分子即构成了*水蒸气*。

当气温降低时，水蒸气冷却，水分子失去能量。如果失去了足够的能量，水分子互相撞击时有时距离会很近，并接触一段时间形成氢键，这样液体水形成了，并且一些水蒸气还要继续凝结。

最后，如果气温上升，空气中的水蒸气就会升温，更多的水分子会自由地移动，这是水蒸气。如果气温降低，水分子失去了能量，氢键就会把它们结合在一起，形成组群，这时水分子便凝结成了液体水滴。

三 冰盖、冰川与冰山

雪暴由风吹雪组成，雪是冰的一种形式。只要温度降至32℉（0℃）以下，水就会结冰。必须使用“大约”一词，因为水中的一些杂质会改变水的冰点以及气压。例如海水中盐的比率为3.5%，盐主要是由氯化钠（NaCl）或普通盐组成，但也包括其他金属盐。正是因为盐的浓度，在平均海平面气压下，水的冰点大约在28.5℉（−1.9℃），这样大家就可以测量盐度不同的水及冰点有何不同。

每增加一个大气压（1 000毫巴，0.1兆帕斯卡，每14.7磅，每平方厘米1公斤），冰点就要降低0.014℉（0.008℃）。这似乎影响很小，但非常重要。气压不能成倍增加，但其他物质的重量很容易达到或超过每平方英寸30磅（每平方厘米2.2公斤），这足以融化一层冰。

格陵兰和南极冰盖非常厚，重量足以融化底部的冰。在一些地方，在冰与下面的岩基之间有一个水层，这对冰起了润滑作用，加速了冰川的移动速度。

冰川在哪里形成

冬季许多地区气温降到冰点以下，在一些地区，很难升高超过冰点。夸纳克（以前人们认为的极北之地）位于格陵兰的最北部，6—9月日平均气温在冰点以上，最高温度仅为46℉（7.8℃），但在6—9月的夜间温度降至零下。在南极洲，除了在南极半岛（南极洲的一个地区，向北部朝南美洲延伸约1 200英里（1 931公里）的最北部一个岬角），其余地方即使是在夏季，温度也很少超过零上。

在世界上的许多地方，有一些山的海拔高度足以使其常年处于零下。在喜马拉雅山谷中，5月和6月温度能达到100℉（37.8℃），但海拔超过1.5万英尺（4 575米）的地区，温度常年处于零下。登山运动员攀山时，可经历热带和极地气候，以及中间的温和气候。虽然热带非洲山脉冰川一个多世纪来一直在消失、退却，这主要是因为降雪量不足使冰的自然损失无法弥补，但在海拔1.4万英尺（4 270米）的肯尼亚，在乞力马扎罗山（非洲最高的山，坦桑尼亚东北部）和鲁文佐里山（在东非，扎伊尔同乌干达国界上）的火山峰上，有永久性冰川。

极地冰盖

当夏季气温处于零下，或只在短期内略高于冰点，雪不会融化。每次降雪，新雪总是保存在陈雪的上方。当然，雪也会损失一些，强烈的风把松散的雪从地表吹起，这就是*雪暴*。雪暴有时把雪吹过大洋，吹到夏季比较温暖的地方，这样雪就会消失，这就是*消融*（冰川缩减的销蚀过程）。雪可以直接蒸发进入干燥的空气，这种从固态到气态的变化叫做*升华*。

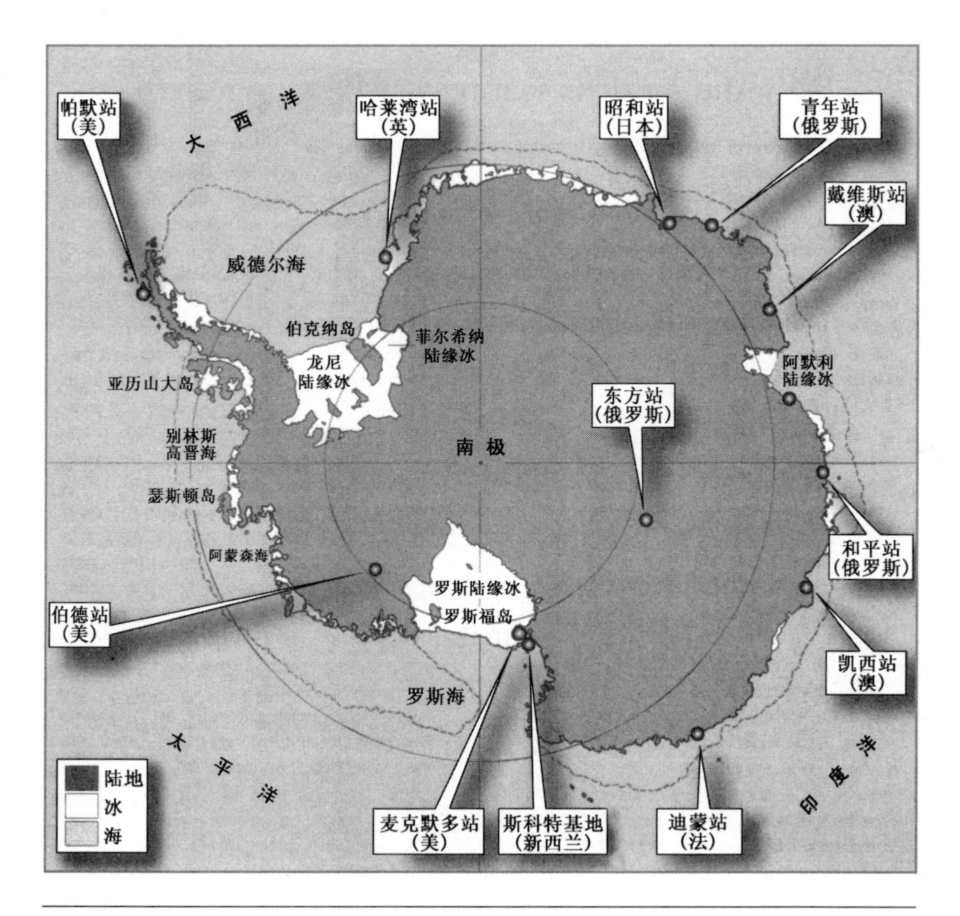

图12　南极洲

雪积累到一定时间就会变成冰，但极地冰川与我们在冰箱中的冻冰块不同。冰箱中的冰块是由水冻结而成的，但在冰盖上降的是雪，不是水，是雪的重力使雪变成冰。这个过程的最初阶段，可以从普通的冬季降雪中一见分晓：当人们走过或车辆行驶在路面上时，雪被压得结结实实。这时雪依然是固体，但比最初的降雪要更坚固、结实，我们不能像铲新雪一样轻易地把它铲走，得先把这些雪弄成小碎片。但这依然还是雪，如果压力再大些，雪就会成冰。

北极与南极冰帽和冰川的冰就是通过这种途径形成的。科学家们一致认为3 500万年前冰在南极洲东部开始逐渐积累，大约在500万年后于南极洲西部开始积累，所以现在变得非常厚。厚度因地而异，但平均大约6 900英尺（2 100米），在一些地方冰的厚度大约是1.115万英尺（3 500米），这使南极洲成了世界上最高、最冷、最干的大陆。东部与西部冰盖的分界线是两者之间横贯南极山的一块1 150万立方英里（48万平方公里）的巨冰，这占世界冰总量的90%。

北极最大的陆地是格陵兰，冰的覆盖面积为7.08万平方英里（183万平方公里），其厚度达到5 000英尺（1 525米）。

南极洲比北极有更多的冰，因为南极洲是陆地，而北极圈以里大部分地区是海洋；北冰洋受向北流动的暖流影响（参见“大陆性气候与海洋性气候”），这些因素使北极的温度不会像南极洲的温度那么低（参见补充信息栏：为什么北极比南极温暖）。在南北两极之间，极地冰帽和海拔较低的山地冰川占地球淡水的3/4。

补充信息栏　为什么北极比南极温暖

东方站是俄罗斯在南极洲的研究站，位于南纬78.75°。夸纳克是格陵兰北部的一个小镇，位于北纬76.55°。

它们的纬度基本相同，但气候却截然不同。在东方站，1月份最为温暖，平均气温达到–26℉（–32℃）；8月份温度最低，平均气温为–90℉（–68℃）。在夸纳克，平均气温范围在7月份的最高温度46℉（8℃）至2月份的最低–21℉（–29℃），温度不等。

尽管有雪与冰，这两个地方都很干燥。夸纳克年平均降雨量（冬天降雪，但可以转化成相等的降雨量）为2.5英寸（64毫米），东方站的降雨量为0.2英寸（4.5毫米）。

两地的温度差基本相同：东方站为64℉（36℃），夸纳克为67℉（37℃）。不同之处在于东方站的温度比夸纳克寒冷得多。这是因为虽然大洋常年处于冰封状态，夸纳克在岸边，而东方站处于大陆内部。北极位于北冰洋上，北极洋盆是海洋，周围由欧亚大陆、北美洲所环绕。

南极洲东部由一个巨大的冰盖所覆盖，东方站就位于此。下沉到南极洲恒定高压区的气团作为冷气流向外流动，这是一股极冷的风，流动时永不停歇。所以结合海拔高度——东方站位于1.3万英尺（3 950米）的一块厚冰上——进行分析，就不难理解为什么东方站的气候寒冷、干燥了。

大陆同北极相比，在吸收太阳辐射方面要少7%，这是因为隆冬时节的南极比隆冬时节的北极距太阳的距离要远300万英里（480万公里）。

夸纳克在海平面上，但其气候温暖的主要原因并不是海拔高度，而是海洋。洋流把温暖的海水运送到北极洋盆，一年中海水大部分时间是冰封的，但冰里有裂口，这叫“水道”，时隐时现。风对冰进行移动，一些地方冰堆积得很厚，一些地方冰很薄。一些冰破裂了，出现了水面，热从这里传导出来，而冰却把它覆盖的区域同外界绝缘。海水的温度绝不会低于29℉（−1.6℃），在这个温度以下，水的密度会变大，就会下沉，取代温暖的海水。如果海水上方空气的温度比海水表面温度低，热就会从水传导到空气中，空气在冰面上移动。最后，如果冰下是陆地而不是海洋，北极洋盆上方的气温就要高得多。

南极洲同其他大洲分开，南大洋环绕着这块大陆；西风漂流，或南极洲环极海流从西向东也环绕着它运行，运送冷水。没有陆地干扰整个循环流动，这便是南极洲极端气候形成的主要原因。

据记载，北极最低气温是−58℉（−50℃）。在北极洋盆的绝大部分地区，平均温度差在4℉（−20℃）和40℉（−40℃）之间。1983年6月21日，东方站的温度一下跌至−128.6℉（−89.2℃）。

冰川是如何移动的

一块巨大的厚冰叫作冰盖或冰川。这两个词指同一个对象，虽然很多人认为冰川是冰河，但科学家们还是轮流使用这两个词。“冰河”是*山谷冰川*。无论使用哪个名字，只要有足够的厚度，冰将向前漂流。

冰盖是在夏季气温不太高，持续时间也不太长的地区形成的，只有这样，前年冬天的降雪才不会被消融掉。年复一年，雪有了量的积累，雪的重量就把底层变成了冰。冰盖边缘的冰很薄，因此当夏季温度稍微上升一些时，很多冬季的降雪消融了。*平衡曲线（雪线）*标明冰川中冰的积累量与消融量处于平衡状态。超出此平衡曲线，冰川中冰的消融量就大于积累量。最后，冰盖成为冰盾，如图13所示。

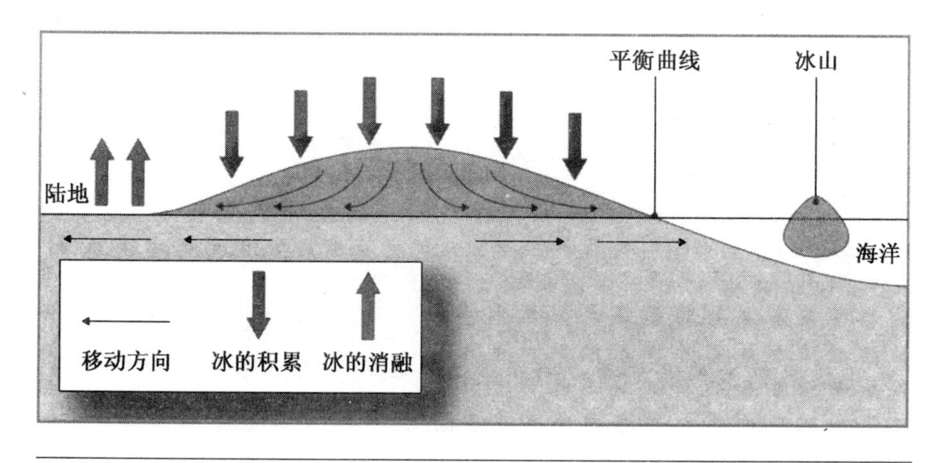

图13　冰盖剖面图

在冰盾中，压力分布不均匀，冰的质量在中心最大，随着距中心距离逐渐增加，质量不断减少，这就使冰改变了形状。在边缘处，冰被挤出一些。冰流过平衡曲线，越来越薄，直到所有的冰都消融。如果有足够的质量，不管下面的石头有多粗糙，冰都会变形。如果冰的下面有一层水充当润滑剂，冰流动的速度就会加快。

山岳冰川开始是个冰原（巨大的冰川体），纬度高并且常年被雪和冰覆盖。一旦冰足够厚并开始流动，它就同冰原分开，顺山坡滑下，磨蚀岩基，形成了山谷，这就是山谷冰川。自从19世纪晚期以来，山谷冰川已出现退缩的趋势，因为雪线已升高了。

基底有冰融化流动的冰川称为温带冰川，一般是在北极圈与南极圈外部形成，并从高纬度冰雪覆盖的冰原移动出来，一直前进到达一个区域，其温度能融化所有的冰。绝大多数冰川的移动速度为一天几厘米或几米，但有些冰川一天能前进150英尺（46米）。不是所有冰川都以同样的速度前进，冰川中心的速度快些，而两侧因摩擦阻力较大，流动较慢。中心地带的速度比最高与最低处快，但冰川表面的速度比下面冰层要慢。

冰川基底在重力下改变了形状的塑性固体冰，带着上面的冰一起移动。变形冰层上的冰坚硬、易碎，当它穿越起伏不平的表面时，上面就会出现又长又深的裂隙，叫*冰隙*。冰川的表面很不平坦，有些地方是由混乱的冰块组成的*冰塔*，冰川基底可能有液体水。夏季，表面积雪融化时，水顺着冰隙流到下面的岩基。融化的雪水可以从冰川的上面流走，也可以渗入冰川下部。一些来自格陵兰冰原的冰川就有顺着冰隙流下的水做润滑剂。冬季，这些冰川每天的运行速度为12英寸（30厘米），而夏季的运行速度为15英寸（38厘米）。

极地冰川是在高纬度地区形成的，那里气候较为寒冷，冰川基底的温度低于冰的压融温度。即使在基底没有冰的融化，它也会移动，只要冰的重量能使冰川的中间层和上层沿着斜坡向下滑动，并把底层挟带。当然，没有冰的融化，极地冰川的流动速度比温带冰川慢。

当漂流的冰川遇到障碍时，它会将障碍物推向一边，前缘被抬到障碍物的上方，许多山岳冰川最后翻过来朝上，这叫*冰川鼻*。除非冰川的末端在冰点以上的区域几个月了，否则障碍物暂时还会阻碍冰川的流程。有时，冰川能支撑压力，雪还可以继续降落，冰盖加厚，冰就会越过障碍物继续行进。

陆架冰与冰山

最后，冰盖来到海岸附近，但这没有使其进程滞后。在海岸附近水很浅的地方，冰压海床。在水深一些的地方，冰漂浮在水面上（参见“水结冰和冰融化的时候会发生什么”）。冰离开海岸线继续漂流，从海岸上再也看不到了。在南极洲，一些冰盖在海上漂浮，形成了巨大的陆架冰。罗斯海上的罗斯陆缘冰，面积如法国，是世界上最大的陆缘冰；威德尔海上的龙尼陆缘冰由几个岛屿环绕；菲尔希纳陆缘冰和拉森陆缘冰小得多，所有这些陆架冰都以发现它们的探险者来命名。大陆架冰的厚度一般在550英尺（168米）—1 000英尺（300米）之间，而北冰洋没有几个陆架冰。

在海岸附近，陆架冰会稳稳地停留在陆地或水深度很浅的海床上。如果行进远一些，在海平面时，它会失去同固体表面的接触，漂浮起来，水的上下垂直运动会对它造成影响。不时地，陆架冰边缘地带就会出现小块断裂，这就是*冰山*。在南极洲，冰山犹如一张桌子，上面是平面的，高达115英尺（35米），面积大约有几百平方公里。北极冰山的形成基本相同，能在北冰洋上飘浮多年，这叫*浮冰岛*。一些科学研究基地设在这些岛上，就是为了监控冰山的运动。但绝大多数北极冰山并不是这样由陆架冰产生的，而是由从山谷冰川上分离出来的冰组成，这也决定了为什么北极的冰山比南极的冰山密度大——这是因为北极的冰山因巨大压力才形成的。而且北极冰川颜色要深，这是因为里面含有从地表冲刷下来的泥土和石块。没有几座冰山长度超过半英里（800米），但高度却能达到近200英尺（61米），而且能伸到海平面下800英尺（244米）的深处。由于脱离了冰的主体，这些冰山随着洋流漂浮，有时会进入航路。1912年，巨轮"泰坦尼克"号与冰山相撞沉入海底，用悲剧说明了这一点。因此，现在科学家用卫星来监视冰山，并把有关情况向过往船只报告。

冰山进入温暖的水域后便开始融化，破裂成小块。房子那么大的冰山叫冰山块，不足30英尺（10米）长的叫*残碎冰山或小冰山*。

图14展示了融化之前的冰山，在北大西洋与南极洲的行程面积以及海水的结冰区域，冬季冰前进与夏季退缩的边界线以及永久性结冰的相当大的一部分区域。冰山前进并不断堆积成各种形状，当面积很大时，我们把它称作*大块浮冰或积冰*。海员们都知道什么时候浮冰出现了，这是因为在地平线上空，他们看到了一束叫冰映光的白光，这是太阳射到冰面上的闪光引起的。

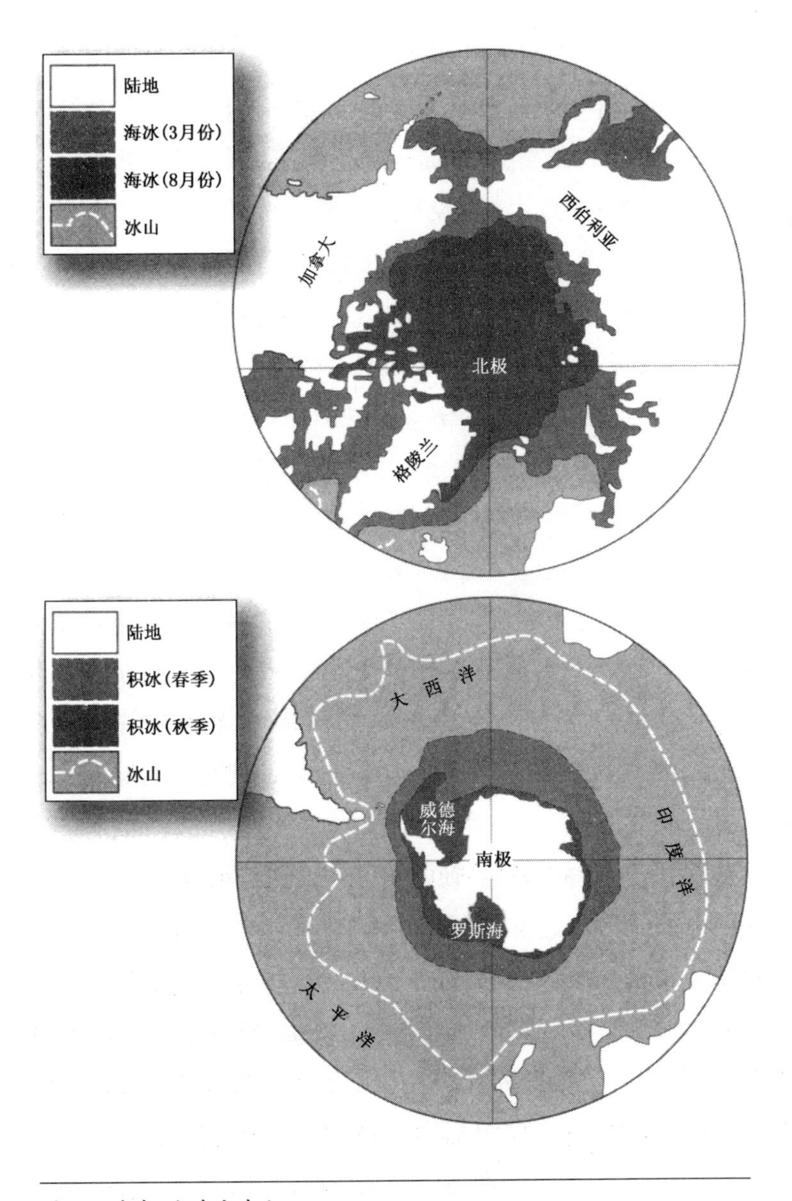
陆地
海冰(3月份)
海冰(8月份)
冰山
加拿大
西伯利亚
北极
格陵兰
陆地
积冰(春季)
积冰(秋季)
冰山
大 西 洋
威德
尔海
南极
印 度 洋
罗斯海
太 平 洋

图14 海冰、积冰和冰山

北大西洋深水与全球大输送带

当海水结冻，盐凝结，淡水冰晶就会形成。之后，冰晶聚集在一起成为半融雪的亮晶晶的外衣，也叫*片冰（水内冰）*，而咸水槽也被冰晶包在其中。起初，虽然冰中没有盐，但结冰的水比远处的水要咸，因为其中有凝结出来的盐。这多余的盐使水密度增大，冰点降低。这个温度也是水密度最大的温度（参见“水结冰和冰融化的时候会发生什么”）。密度大的水沉到大洋洋底，成为缓慢移动的洋流，即*北大西洋深水层*（NADW）。它向南流动，一直流到南极洲，原来在海洋表面的位置为流向北部的暖水所取代。

正是北大西洋海水结冰促成洋流体系即全球大输送带的形成。全球大输送带把暖水从赤道运走，把冷水给赤道运来，调节了全球气候。

海水结冰从另一方面对气候也造成了一定的影响。农民与园丁都知道雪有绝缘作用，可以保护下面的植物。雪是热的不良导体，所以雪层不会使为它所覆盖的表面温度降低。海水的温度总是在零下，雪降到冰冻的海面上起了绝缘的作用，所以海水的温度保持恒定不变。最后，雪积了厚厚一层，这使冰下水的温度不太容易下降。

输送带力量削弱，不能启动

在历史记录中，大输送带流动非常可靠。所以我们一致认为它可靠、会永久存在，这不足为奇。现在，科学家们认为这种长期的稳定性非比寻常。在过去，洋流的模式是不断变化的。早在7—1.6万年前，至少有6次，许多冰山从覆盖在北美洲绝大部分区域的劳伦泰德冰盖上分离出去，挟带着从陆地上冲刷下来的石头与泥土。当其融化时，这些物质沉淀到大洋底部。德国海洋学家哈德穆特·海因里希发现了它们，在1988年他对可能发生了什么进行了描述，所以这些冰山的突然释放被称为*岩屑事件*（*海因里希事件*）。

冰山是由淡水凝结而成。当劳伦泰德冰山融化时，海洋很大一部分区域的表面是由淡水覆盖的，淡水的下面是密度较大的咸水。淡水的冰点要高于咸水的冰点，它使上面气温降低，给北半球带来了寒冷的天气。欧洲所受影响最大，因冰的边缘移动了，干扰了北大西洋深水层的形成，这使北大西洋暖流停止流动。整个墨西哥暖流从与西班牙同纬度的地区向南流动，这使北欧不能体验到现在沐浴其海岸的暖水的滋润。

科学家们知道在两次事件中气温急剧下降，冰盖前进。冰缘处植被是典型的高山冻原与高纬度环境生长的植被，包括高山植被*宽叶仙女木*。现在，这种植被的花粉在对它来说比较温暖的地区被发现了，但在此已保存几千年了。它的发现提示科学家，这些地区以前还存在着更为久远的气候。这两个阶段被称为大约1.22—1.18万年前的最老德里亚斯期和1.1—1万年前的新仙女木期。在这两个阶段，气候一下子回到了冰期。

四

通过冰盖透视过去天气状况

南极洲气候严峻、无情。除了在此逗留一两天的游客外，只有科学家们长期驻留于此。正如图12所示，绝大多数研究站都在海岸附近，轮船很容易给研究站作出补给。在南极大陆上，大约40个站是永久占用的，100个站是暂时的，这些研究站大约能容纳4 000名科学家与后勤服务人员——医生、牙医、修理工程师、木匠等，当然这是在夏季，而在冬季不能多于1 000人。

南极在南纬90°，美国的亚孟森-斯科特南极站在南纬89.997°，几乎与南极在同一个纬度。俄罗斯的东方站在南纬78.47°，是另一个位于内陆的永久研究站。这个站于1957年建成，在1994年之前终年开放，1994年冬天不得不关闭，因为运货车不能从岸边把燃料运到站内，东方站的全体工作人员不得不到岸边的和平站过冬。1995年夏天东方站才又开放启动了。

东方站的科学家们报告说：根据史载，1983年7月21日，这块陆地的最低温度达–128.6℉（–89.2℃）。东方站的科学家们还报告说，1997年冬天温度竟然达到了–132℉（–91℃）。但这个数据是个非官方统计数据，人们对这个数据一直持怀疑态度。固态二氧化碳（干冰）在108.4℉（–78℃）才能升华成气体，因此在极冷的天气里，降于地表的雪可能是水冰与干冰的混合物。

尽管地表天气极度严寒，在冰下深处却有湖泊。最大的湖东方湖的面积约与安大略湖的面积相同，位于东方站下方。在科学研究方面，这个湖具有极为重要的地位，因为它可能包含着同其他生物绝缘了几百万年的微生物。木星的两颗卫星欧罗巴、甘尼麦迪的冰下可能有液体水，卫星欧罗巴的大洋中可能含有生命，如果真是这样的话，这种生命是迄今为止第一例地球外的生命。补充信息栏“东方湖、欧罗巴与甘尼麦迪，木星的两颗卫星”描述了奇特的湖泊与海洋。

补充信息栏　东方湖、欧罗巴与甘尼麦迪，木星的两颗卫星

南极洲大陆的绝大部分由冰盖所覆盖，有的地方有几公里厚，气候极度严寒，在表面，水不能作为液体形式存在。但在冰的深处，有大约70多个湖，最大的湖是东方湖，位于东方站的下方，在南磁极附近，离南极大约1 000英里（1 600公里）。

东方湖的水面在冰盖下方2.4英里（4公里）处，深藏在冰下纹丝不露。冰盖历史悠久，所以东方湖与外界隔绝

已3 500万年了。上面冰盖缓慢地移动，把湖东面的水带走了一些，这些水在冰盖内层结成了冰，但液体水确实以同样的速度得到了补充。这些新水无非来源于冰下的某些地方，或冰不断与湖面发生接触，其内层融化，但现在无人知道。科学家们计算出湖中水的年限不低于40万年，因为湖中的水来自冰盖基底，与外界绝缘的历史已远远超过40万年。

湖长大约140英里（225公里），宽30英里（48公里），平均深度3 000英尺（914米），面积相当于安大略湖。

1996年，当有充分的证据证明东方湖确实存在时，科学家们一致同意在没有发明一种不污染湖而取样的方法之前，绝不去触碰东方湖。如果湖中有生物存在，不难想象它们已与外界隔绝多年，必定会引起人们浓厚的兴趣，并在科学史上具有极其重要的地位。最后，在湖面上方大约492英尺（150米）处钻空寻找冰芯工作被停止。1999年在湖的东侧发现有微生物的存在，而且这部分水体是湖水的一部分，水至今为止还没有被抽样。

一旦科学家们找到了对东方湖水进行抽样调查的安全方法，调查人员就可以把它应用到可望而不可即的木卫欧罗巴环境调查中。欧罗巴是4颗伽利略发现的卫星之一（1610年7月1日），因此又被称作木星伽利略卫星。直到1979年才被“探测者”号宇宙飞船拍摄到，地球上的人们得以看到了这颗卫星的表面。

欧罗巴表面为冰雪覆盖，但冰并非平滑。障碍物高高地耸立于冰的表面，且有很深的裂隙。这是由它环绕木星旋转时产生的潮汐力形成的，这也说明其表面坚硬易碎，但冰下是液体水——覆盖着整个卫星的大洋。引起冰碎裂的潮汐力，也同样引发膨胀与收缩，使热散发到冰下的水中，这让科学家们不停地思索，欧罗巴可能有生命的存在。在不久的将来，我们很可能把一个探测器安置在此星的表面，搜寻上面活的生物体的痕迹。

科学家们还发现甘尼麦迪——木星另一颗卫星也为冰所覆盖。在坚硬的冰表下，可能是软冰，更可能是水。使冰部分融化或全部融化的热来源于木星产生的重力——潮汐力。两颗木卫很可能都存在着某种生命。

解读树的年轮与冰核

东方站下方的冰盖很厚，俄罗斯、法国的科学家在此利用冰盖研究过去的气候。在北半球格陵兰中心地带的高地，还有着两个具有相同意义的冰芯钻探计划：美国的格陵兰冰原计划（GISP2）和欧洲科学家们的GRIP计划，两台冰钻的孔位仅仅相距30公里。所有这些研究项目都涉及向冰芯方向垂直钻孔，以获取一些冰芯做研究。补充信息栏“东方站、GISP和GRIP”描述了这些项目以及研究成果。

补充信息栏 东方站、GISP和GRIP

东方站是俄罗斯在南极洲的研究站，在南地理磁极，即南纬78.46°，东经106.87°处，高度为11 401英尺（3 475米），位于东南极洲冰原的地表（参见图12）。此站建于1957年12月16日，1980年开始启动：在离东方站不远，位于海平面11 444英尺（3 488米）的冰原上钻探，从钻孔中

图15 格陵兰高地

取得了冰芯。1985年钻探深度达7 225英尺（2 202米），但不太可能沿这个钻孔再深入下去；但1984年第二个钻孔开始发掘。1989年英、法、美三国共同从事这个项目，1999年钻孔深度达8 353英尺（2 546米）。1990年，又开掘了第三个钻孔，深达11 887英尺（3 623米）。

东方站冰芯记录了420 000年以来的气候状况，至今为止，所做的分析已反映了近200 000年的气候状况。

格陵兰冰原项目（GISP）是美国的研究项目，由国家科学基金会（NSF）资助，从格陵兰冰原上获取冰芯。第一块冰芯是从大约深9 843英尺（3 000米）的岩床上发掘的，1988年国家科学基金会极地研究办公室授权开发第二个钻空GISP2。1993年7月1日项目完成，钻探深入岩床下5英尺（1.55米处）。此冰芯长达10 018.34英尺（3 053.44米）。冰芯底部的冰龄大约200 000年，我们可以从GISP2冰芯的分析中，详细地了解近110 000年来的气候情况。

格陵兰冰芯项目（GRIP）是欧洲科学基金会组办的，由欧盟、比利时、丹麦、法国、德国、冰岛、意大利、瑞士和英国赞助的欧洲项目。钻探开始于1989年1月，1992年8月12日，钻探深度达到9 938英尺（3 029米），最底部的冰龄约为200 000年。

GISP2和GRIP这两个项目所在地都在北纬72.6°、西经38.5°，接近格陵兰冰原的制高点，提供了最长的冰芯，图15的地图指出了两项目的明确位置。

对于许多树种，可以通过查阅树的年轮推断出树的年龄。每年春天与初夏，树产生新细胞，树皮较薄，颜色苍绿。而在暮夏时节，新的细胞产生数量较少，树皮变厚，颜色深绿。当外层变厚，树干与树枝变粗，老细胞会死亡，树的心材（树木或木本植物中较老的不再生长的部分）形成。我们得以了解树的历史，浅色狭窄的夹层同暗色的年轮截然分开，每一年树都有一对深浅年轮出现。

查阅树的年轮不仅可以推知树的年龄，而且可以了解其每年的成长状况。树在良好的天气中比在恶劣天气中产生的年轮更宽。但要查阅年轮，并不一定必须砍伐树木，我们可以用带有圆柱形铣刀的钻头钻取一块树芯来判断其年轮。

冰芯与此比较相近，只不过要比树芯宽得多，也可以这样查阅冰芯的年龄。每年积雪易受凝结形成一个冰夹层，在用钻头采样之前，科学家们通过冰夹层来判断冰芯的等级。抽样包括冰、小气泡、落在冰上之后被掩埋的固体物质。

氧同位素

冰由水组成，每个水分子含有两个氢原子和一个氧原子，但不是所有的氧原子都是相同的。有3种氧同位素：^{16}O、^{17}O和^{18}O。普通氧中^{16}O占99.76%，^{17}O占0.04%，^{18}O占0.20%。从化学角度上分析，这些原子都是相同的，因为凝结核（水气分子在其上积聚并在自由空气形成小水滴的分子）拥有相同数量的质子，是带有正电磁核的质子决定了每个元素的化学性质。这些凝结核包含的中子数不同，中子不含有电核，所以在化学性质方面不起作用，但可以使核质量增加。同位素的数量越多，原子越沉。

分析冰芯的科学家们对^{16}O和^{18}O特别感兴趣。今天的大气层中，^{16}O和^{18}O的比率为1∶500，但在水和冰中这两者的比率可能不同。含有^{16}O的水分子要比含有^{18}O的水分子轻，因为在前者中，蒸发的温度较低。在温暖的天气中，水蒸气比率越高，大气中含有的^{16}O就越多。如果大气层中这种水降落于地表，不难想象无论是雨还是极地的降雪中含有的^{16}O就要高。冰中与^{16}O相比，^{18}O的含量越低，降雪时气温越低。

雪被压成冰时，空气中无数个小气泡截留下来。可以把小气泡提取出来，进行分析。科学家相信大气中^{18}O的含量取决于其在海水中的含量，这是因为$H_2{}^{16}O$比$H_2{}^{18}O$的蒸发速度要快，因此蒸发耗尽了海水中的^{16}O，增加了海水中^{18}O的含量。一些水蒸发之后冷凝，最后以雪的形式降落，成为极地冰盖的一部分。我们知道以后蒸发的水中含^{18}O多，富含^{18}O的水蒸气会改变气泡中两种同位素的含量，而这些气泡富含水蒸气，被截留在冰中。检验气泡中的氧，科学家们就能计算出下雪时冰盖的面积。

冰盖与海平面

从海洋中蒸发出来的水使冰盖越积越厚，海平面的高度因此改变。海水中水的蒸发使海平面下降。我们从冰核的氧中得到的相关信息就可以了解过去的海拔。如果东、西南极洲冰原要融化，全世界的海水就要上涨大约200英尺（61米）。那么，几千年之后，大洋板块在水的重力下就要下沉，海平面就要下降65英尺（20米），而南极洲就要上升，因为冰的重量已被减轻，自然就要上浮。所以海平面不仅受冰盖大小的影响，还有其他因素。

东南极洲冰原上的冰占南极洲冰总量的2/3，南极横贯山脉把它同西南极洲冰原截然分开。西南极洲冰原从海岸一直到许多岛屿，以及罗斯海与威德尔海，上面满是林立的冰架。一些冰架近几十年来已变小，尤其是从南极洲半岛的北部延伸出来的冰架，它位于南极圈的外侧。这对海平面没有造成影响，因为冰架已在海中，即使冰融化了，海中的水也不会再增加了。1万多年来，西南极洲冰原已变薄，但科学家们相信这种趋势可能会发生逆转，现在冰盖在逐渐变厚。

截留的温室气体

我们可以通过气泡了解更多。大气的主要成分是二氧化碳、甲烷以及氧和氮，这些气体叫温室气体，能吸收长波，使大气增温（参见“气候变化难道会减少雪暴吗？”）。如果气泡中这些成分的比率比今天的比率高或低，暗示着当这些气泡截留在雪晶之间时，气温就会比现在高或低。但这只是其中的一部分。虽然科学家们肯定如果在空气中多增加一些温室气体，温度就会上升，但并不能说明在远古时代气候变暖或变冷是这些温室气体的变化所造成的。这些变化可能是气候变化的结果，而不是其发生的原因。

除了某种细菌之外，所有生物都可以通过使碳氧化获取能量，这是化学反应。反应中，释放能量，产生了进入空气的二氧化碳。这个过程叫生物氧化（不要把它与呼吸混淆，呼吸是指我们吸入氧，把二氧化碳排出体外）。植物通过光合作用获得碳，动物通过消耗植物、动物的碳来补充自己。

一般情况下，通过光合作用从空气中转移走的二氧化碳同通过生物氧化而返回到空气中的二氧化碳含量相同，因此大气层中二氧化碳的集结量保持固定不变。如果生存环境突然改善，植物就会更为茁壮地生长，消耗更多的二氧化碳。在一定时间内，大气中二氧化碳的集结量就要降低。只有当动物数量开始增加，它们可以得到更多的食物，生物氧化与光合作用并驾齐驱时，才得以维持平衡。如果环境恶化，就会对植物的生长不利，动物也没有太多的食物，生物进行分解的氧化作用就会超过光合作用，多余的二氧化碳就在大气层中积聚下来。我们很难阐释空气中二氧化碳的含量，但它确实提供了关于过去气候的线索。

由某些菌群释放出来的甲烷较为容易理解，一些菌群生存在于动物的消化系统中，而绝大多数生存在积水的泥沼里。如果作为气体的甲烷不受限制，活动比较自由，氧就会损害它，所以甲烷只能存在于无氧的地方，在温暖的条件下，产生并保存得最好。所以气候越温暖，它们就会最活跃，当然它们会释放出更多甲烷。

浮尘

冰盖既收集空气，又收集灰尘，所以它为我们了解过去的气候提供了线索。空气中总有灰尘，但含量不同，雨、雪能消除空气中的尘埃，这就是为什么细雨过后我们感到空气异常清新的原因。尘埃在空气中往往浮游几个小时，经雨的洗礼降到地面。但天气干燥时，尘埃确实能浮游很长时间。

清晨和黄昏时刻，太阳离地面很近，这时日光所穿越的大气层厚度要比太阳高挂在天空时厚得多。如果空气中有足够量的灰尘颗粒，它们就会分散蓝、绿和黄3种短光波，这样只有红光波透过大气层。朝太阳方向望去，天空红彤彤的。灰尘表明大气含有灰质、干燥，而干燥暗示天气良好。在中纬度地区，天气系统往往从西向东运行旋转，所以如果在黄昏时我们看到了天空红彤彤的，说明几个小时后我们所处的地区空气也会干燥，第二天天气良好（但有一点除外：这个系统移动速度较快，在夜间良好的天气转瞬即逝了）。如果黎明时天空红彤彤的，暗示着东方空气会很干燥，而却不能肯定我们所处的地区确实如此，因为天气系统从西向东运行旋转，干空气已经经过了这一处，不敢保证来日的天气状况也是如此。有一句古谚语说得好：晚上天边红，牧童露笑容；早晨天边红，牧童心事重（今晚日照榅，明天天必晴；日出胭脂红，无雨便是风）。

最后所有的灰尘都落于地，雨和雪加速了其降落，一般情况下，灰尘没有机会进行长途旅行。一旦冰盖覆盖于地表，灰尘再也不能从上面被吹起。整个星球的很大一部分地区空气较为干燥。降落在冰盖上的灰尘附着在冰晶上，一旦降雪，就会埋在下方与冰结合在一起，我们可以从冰芯中探测到有关信息。如果冰芯显示在一特定时期灰尘量有所增加，这就暗示着那段期间全球气候较为干燥。

就全球来说，干燥天气意味着寒冷。气温降低，水蒸发量就会减少，就会少云、少雨、少雪。如果天气长时间寒冷，冰盖与冰川面积就会扩大。结冰需要海水，这样海平面就会下降，而海平面下降会使大面积干陆地裸露于地表。简而言之，更大的陆地面积裸露出来，而不是被冰盖覆盖、掩埋。陆地面积的增加和干燥气候两者相互结合就会使越来越多的灰尘在空气中悬浮。

火山灰

截留在古冰中的灰尘为了解过去的天气状况提供了线索，而灰尘的类型为我们提供更为有价值的线索。火山喷发把大量的火山灰注入大气，我们一眼就可以把火山灰识别出来，这一点弥足珍贵。因为火山喷发有时影响气候，大约几天的光景，大量的火山灰像其他灰尘一样被冲刷到地面，但猛烈的火山喷发能把瞬间形成的颗粒卷入平流层，在那里火山灰可能保持几个月甚至几年。这些火山灰主要由二氧化硫组成，发生化学反应后形成微小的硫酸滴。它们一旦形成，这些粒子反射日光，使下面的地表冷却，平流层气流把火山灰散播到世界各地，在气候方面产生明显的降温。1997年6月，菲律宾的皮纳图博火山喷发，3周内一个由硫酸微粒形成的带状区域覆盖了世界的40%，几年之内地表温度降低。1815年，印度尼西亚的塔博罗火山喷发把35立方英里（146立方公里）的灰尘与碎片散布在空气中。因为散落在平流层的粒子，致使该地1816年整个一年都没有夏季。而1883年印度尼西亚的喀拉喀托火山喷发时大约有5立方英里（21立方公里）的粒子被抛入空中，造成第二年特别壮丽的红色夕阳和温度的些许下降。

冰芯记录过去火山活动的种种迹象，这同气候的变化密切相关。通常情况下，这种变化很小，但当气候正逐渐变冷，一次强烈的火山爆发会使气温急剧下降。

沉积物、花粉、珊瑚与甲壳虫

湖床与海床中的沉积物同冰盖一样能储存信息，但绝大多数沉积物是在短期内积聚而成的，它们所作的记录一般为期不长。沉积物中包含微小动物壳的碎片，这些微小的海洋动物叫*有孔虫*。它们的存在非常重要。这些动物壳是由碳酸钙（$CaCO_3$）组成的，动物们从水中获取碳酸盐，在水中的形式是碳酸氢盐（HCO_3），而碳酸氢盐是由大气中二氧化碳分解而成的。化学反应方程式如下所示：

$$CO_2 + H_2O \rightarrow H_2CO_3$$

$$H_2CO_3 \rightarrow HCO_3 + H_2$$

碳酸钙中的一个氧原子来源于水，因此当二氧化碳形成时碳酸钙会把水中的^{16}O:^{18}O的比率记录下来。如果^{18}O的比例高，说明冰是在两极积累形成的，而且^{16}O也耗尽了；如果^{18}O的比率下降，则暗示着冰盖在融化。

花粉粒外面包着一层坚硬的外衣，在土壤中得以大量地保存下来，植物都有自己独特的生长环境，我们能鉴别它们属于哪类植物。小动物的存活取决于合适的温度与湿度，这方面甲壳虫和海洋动物对我们的研究尤其有利。例如珊瑚只在清澈的、大约30—200英里

（8—61米）深，大约68℉—82℉（20℃—28℃）的水中形成礁石。一些古礁厚度高于200英尺（61米），暗示着当海平面缓慢上升时礁石还要不断增高。

珊瑚、甲虫的鞘翅（翅基）和花粉粒是标明过去气候的指示器。我们还可以通过对地形的分析得到一些启示。认识哪些山谷和湖泊是由冰川形成的并不困难，但两者都不能像冰芯那样给我们提供超过10万年连续不断的历史记录。

我们称研究古气候的科学家们为古气象学家。天气提供了很多线索。我们对过去的气候了解得越多，就越有能力估计出世界气候将来的变化趋势。我们会了解究竟是什么最有可能引起气候的变化。幅员辽阔的地区是否将来有风暴和暴风雪，产成巨大的变化以及这些严酷的天气是否只存在于史书上，在现在与将来已不再产生和发生，这些都要取决于气候的变化。

五

雪暴盛行的极地沙漠

在极地，雪暴会突然发生。大部分时间天空湛蓝，雪地反射的光让人眼花缭乱，旅行者都带着太阳镜与风镜来保护视力。大气层几乎静止。之后，没有

图16　地磁与地理北极

任何预警，风儿咆哮，很快会达到每小时30英里（48公里），有时狂风的速度可能达到这个速度的2倍。松散的雪从地表上卷起，形成了一个大涡状云。万物洁白耀眼，海天相接。能见度降低，仅为几米远，旅行者别无选择，只能停下等待，看不见陆标。虽然指南针指明了方向，但人却辨不清方向，而且指南针也不能指示如裂缝等障碍物。掉入裂缝中是致命的，即使受到过这种避险训练、长期工作在这种环境下的科学家也是如此。

靠近地磁两极，必须小心地使用指南针。如图16、图17所示，地磁极距地理极很远。指南针的指针总是对准地球磁场，指向北磁极，所以两极的指向很有可能完全不同。

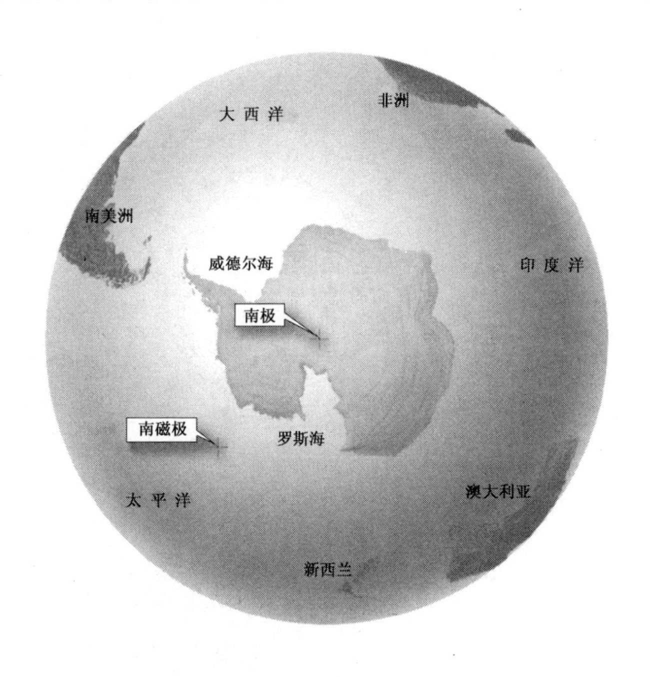

图17 磁极与地理南极

探险者面临雪暴

冬季，雪暴总是发生在星夜天完全黑下来时，所以让人比较困惑。让人唯一感到安慰的是，南极洲冬季雪暴使气温快速升到32℉（18℃），但没有几个人在冬季时会冒险远离保护自己的营帐。夏季，雪暴带来寒冷，温度下降。

一旦雪暴来临，很难估计出它会持续多长时间。有的几个小时后就消失了，有的则要持续几天。1912年那场该死的南极雪暴，持续了9天，把3位苏格兰远征队的幸存者围困在帐篷中。几个月后，3位遇难者的尸体才被发现。1989年冬季，一组队员出发想穿越南极洲大陆，他们一路上经历了持续不止的风暴，有时风速达到每小时90英里（145公里）。有一次一场风暴持续了60天，还有一次，整个探险队经历、忍受了一场为期17天的雪暴。

塔斯马尼亚岛附近的南极地区的阿德莱德地一直被称作雪暴之家。在伯德站（南纬80°，西经120°，参见图12），风异常猛烈，经常发生雪暴，并且一年中65%时间如此，有1/3时间能见度为0。

北极与南极的差异

雪终年覆盖在北极圈、南极圈内及其大部分海域上，形成的原材料雪四处可见。如北极地图所示，在北极圈北，陆地面积相对较小，这就有助于解释为什么北极比南极温暖（参见补充信息栏：为什么北极比南极温暖）。无论何时，只要冰盖下方的海水温度降到29℉

(–1.7℃),从冰中和水面中传导的热会使气温升高,而北冰洋的海水便是如此,即使在漫长的冬夜,也会使北极升温。

在北极,夜晚持续176天,在挪威的斯匹次卑尔根群岛能持续150天。至今,还没有对北极平均气温的任何记载。斯匹次卑尔根群岛(北纬78.1°)气温的变化范围是冬季19℉(–7℃)—夏季45℉(7.2℃)。而阿蒙森·斯科特南极站的全体工作人员记录了南极的温度,气温的变化范围是冬季–75.9℉(–60℃)—夏季–17.4℉(27.5℃)。

加拿大北部与格陵兰是北极气候。如图18中b所示,横越加拿大落基山脉东的广阔地带,一直到这块永久冰封的土地是亚北极气候,夏季气温在冰点之上,适合苔原植被如地衣、草、低矮灌木与树的生长。

冰雪覆盖的茫茫沙漠

人们普遍认为,积雪高度1.6公里,被凝缩成冰的地方降雪频率高、降雪量大是很自然的事。但尽管有冰盖存在,并不是任何地方都为白雪所覆盖。在北部的苔原带,冬季积雪量不大,大面积的地表裸露出来。在南极洲大约有2 200平方英里(5 700平方公里)没有雪覆盖的干燥谷地,即使在降雪比较频繁的地方,降雪量还是比较小,南、北极区是干燥的沙漠。雪得以积聚是因为这两个地区的气温在夏季从没有升到冰点以上,并保持很长时间,所以不存在冬季的降雪夏季融化的问题。

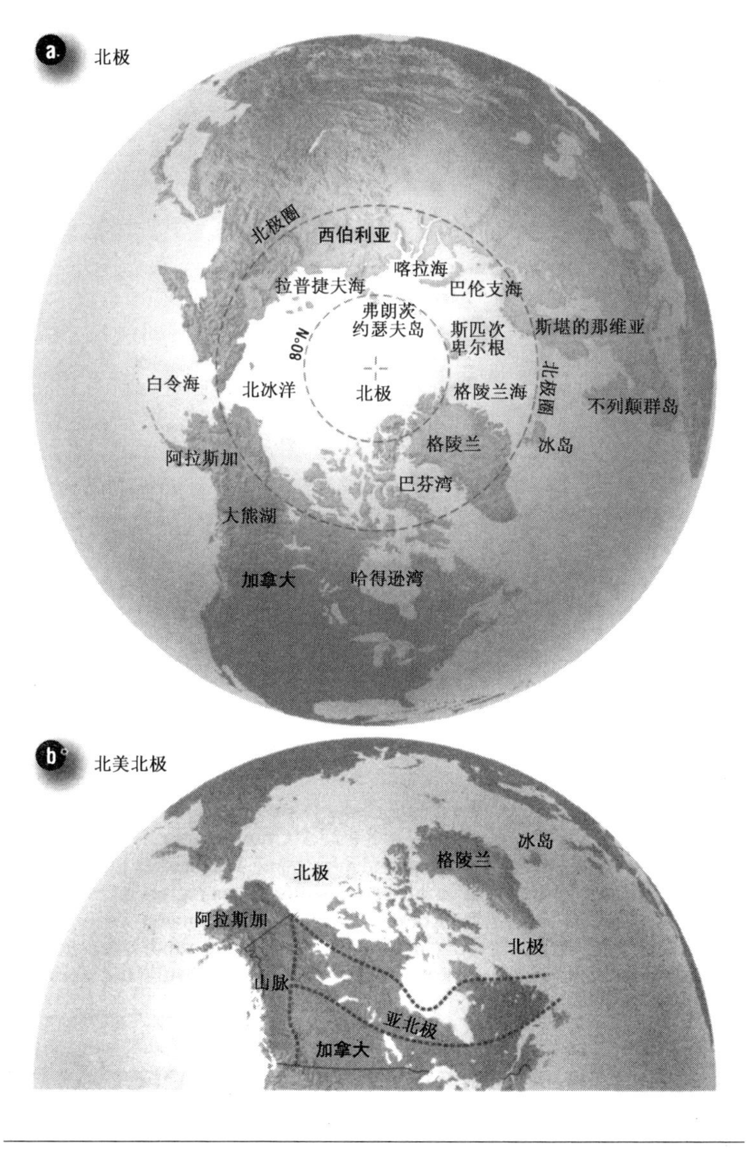
a.
北极
北极圈
西伯利亚
喀拉海
拉普捷夫海
巴伦支海
弗朗茨
约瑟夫岛
斯匹次
卑尔根
斯堪的那维亚
80°N
白令海
北冰洋
北极
格陵兰海
北极圈
不列颠群岛
阿拉斯加
格陵兰
冰岛
巴芬湾
大熊湖
加拿大
哈得逊湾
b.
北美北极
冰岛
格陵兰
北极
阿拉斯加
北极
山脉
亚北极
加拿大

图 18

因为在雪晶之间有空气的容器（气泡），雪比雨体积大得多，某类雪比其他雪体积更为巨大。做雪预报时，天气预报员经常对某个地区的降雪量有所估计，提供以英尺为单位的数据。

这个数据可以推出雪深，这为想出外郊游、打扫车的人们提供了必要的信息。但如果把两个地区的降水量作对比的话，最好还是把降雪量转变成对应的降雨量。这是因为一个地区降了巨大的雪花，而另一个地区的降雪是松散的粉末雪，两种不同类型的雪代表着截然不同的含水量。如果把降雪量转化为降水量，就可以把水与水进行对比，大家就会头脑清晰，不会有任何疑惑了。

在同一时期，如果降雨量与降雪量低于海表面水的蒸发量，无论在何地，都会形成沙漠。很明显，这取决于气温，无论何地，只要年平均降水量低于10英寸（25毫米），沙漠就会形成。我们不妨把

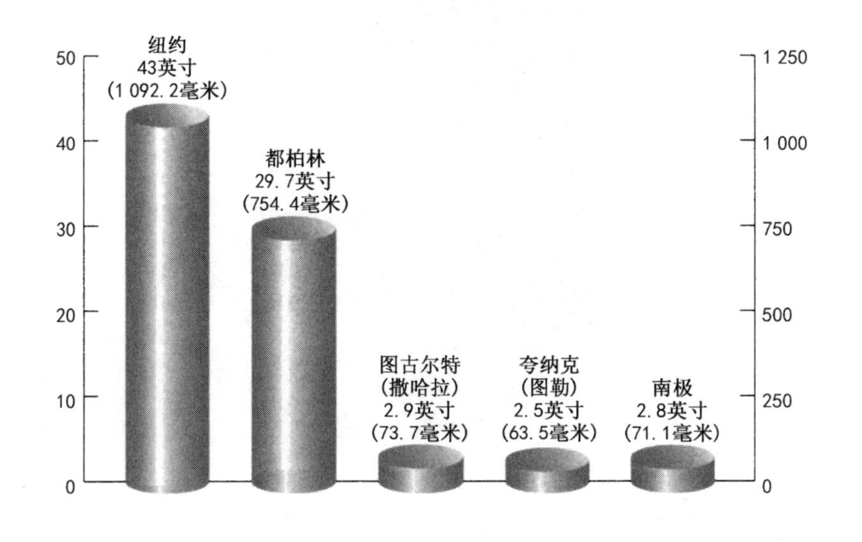

图19　年平均降水量

纽约城与大西洋另一侧的都柏林的年平均降水量作以对比，就会发现，前者为43英寸（1 092毫米），后者为29.7英寸（754毫米）。图19列出了撒哈拉沙漠干旱的地区之一，阿尔及利亚的图古尔特的降水柱状图，以及其两侧另外四个城市的降水情况。图古尔特年平均降水量为2.9英寸（74毫米），而格陵兰岛北岸的夸纳克（美国的一个空军基地建于此地）为2.5英寸（63毫米），南极为2.8英寸（71毫米），在这两个城市中，降雨量基本一致。至于南极的降雪有1.2英寸（30毫米）深的雪由于升华（直接由冰转化成水蒸气）或被风吹（这个过程叫消融）而丧失，这两个地方都比撒哈拉沙漠干燥。

暖空气比冷空气富含更多水蒸气，所以气温越低，大气越干燥（参见补充信息栏：为什么暖空气比冷空气富含更多水分）。极地气温一直降到大气极为干燥才止，这就是为什么极地是沙漠的原因。

大风与温带飓风

雪暴主要是由于风吹雪引起的。在格陵兰岛，近在岸边的低压区所形成的风是高海拔的内陆地区沿着冰川向下的冷气流。南大洋地带也有低气压，这样在南极洲海岸上就形成了强烈风。极地低气压是环形的，比较像热带气旋，一般不会超过300英里（480公里）。所产生的风暴，风速比较平衡，大约每小时45英里（72公里），狂风猛吹，风速达到每小时70英里（113公里），这被称为*温带飓风*。

具有狂风风力的其他风种是由极地低温引起的。冰盖不仅仅是大面积的平整冰区，有时冰盖是盾形的，这是因为冰从中心流向四周形成的（参见“冰盖、冰川与冰山”）。冰的坡度并不一定十分陡峭、倾斜，虽然在一些地区确实如此，但浅层倾斜度足以使空气向下移动。在冰盾中央温度最低，所以最下层的空气最为稠密，地表气压最高。因为上面大约1.2万英尺（3 660米）的空间都是59℉（7℃）暖气流，空气不能上升，这叫*逆温*。空气只有在比它上层的空气温度高时才能上升，因此，寒冷、大密度空气只能沿山坡滑下。当冰盾顶端气压高于斜坡下的气压时，风力最强，所以可以这样表述：地形倾斜度与气压梯度方向一致。虽然如此，但是空气还逆着压力梯度流动——顺着山坡向高气压区移动。

由高密度空气组成的风向坡下流动，叫（气流、风）*下降或下吹*。在南极洲的很大区域，主要风向是下吹风，是南风。风在雪上产生波状雪，犹如沙丘一般，可高达6英尺（1.8米）。正是这些风产生了暴风雪，尤其在流经漏斗一样的高边山谷时。

六 路易斯·阿加西与大冰期

每年四季更迭。春季的到来或早或晚，夏季比去年暖些、凉些，冬季同平常相比降雪量多些、少些，但四季交替有序进行，变化很小。我们一生中所经历的气候是恒定的。当你观察周围的世界，同老一代谈及他们的童年时，没有人说天气真正变化了。确实，人们有时同你谈及在孩提时代的一个漫漫炎热夏季或寒冬，这是我们的记忆力在起作用，我们当然会对与众不同的事物记忆犹新。一两个例外的冬、夏确实与众不同，但这仅仅是因为我们忘记了划分四季与时间的普通时日。

直到现在，人们依然认为一切依旧，不曾发生变化。现在我们经历的四季同古罗马人、旧约时代的人所了解的天气没有什么差别。

漂移石之谜

在欧洲有一个谜团同石头有关，而同天气无关。一个世纪前，地理学家们忙于把石头分类，重新构筑过去的地形，但这些特别的石头却显得不合适。它们是漂砾，一堆堆砾石，卧于地表或埋在地下。漂砾非常普通，从表面上看，同附近坚硬的大岩石毫无二致，而且好像是从岩石上分离出去的。但是这些岩石同旁边的岩石不同，而是同几百里外的石头结构相似，地理学家们称之为*漂砾*。它们是如何来到被发掘的开采地的，这成了一个不解之谜。长期以来，人们一直认为它们是被创世纪洪水从高地上冲刷下来的。

过去有一条线索，但也不太合理。在冰川低海拔的一端或其侧面，经常有一堆乱七八糟的石头，这叫*冰碛*。冰碛包括似乎从远处运来的漂砾，很可能漂砾也是以同样方式被运来的。

可是无人了解冰碛是如何形成的。如果观察冰川或站于其上，你会看到大面积固体冰的表面粗糙、碎裂。尽管不时地会听到从冰川内部发出奇怪的碎裂声，但现在它们没有移动，至少，我们用眼睛看不到。不过，19世纪早期科学家们推想冰川事实上确实在移动。如果是那样的话，就说明冰碛是移动的冰川侵蚀其冰床侧面的材料而形成的。冰川把冰碛推向下方或侧面，而漂砾是消失了的冰川沉积而成的。可过去无人能证明这一点，即使冰川在移动。

阿加西与其冰上假期

1840年找到了冰川移动的证据，不是由地理学家发现的，而是一位动物学家。路易斯·阿加西（1807—1873），后期成为瑞士纳沙泰尔大学的自然史学教授，当时是一位杰出的鱼类学家，一位鱼类化石的权威。他是瑞士人，因此对冰川比较熟悉，1836年和1837年他与朋友们度假时研究过冰川。他们在阿尔冰川上建了一所小房子，作为基地，并称之为新城堡旅馆。

漂砾与石头小碎块位于冰川的两侧，似乎是由冰造成的。阿加西及其朋友检查时，发现一些石头上有平行的沟和槽。这些标记专业术语叫做条纹，条纹刻在冰床下面的硬石上，有的划过一些较软的岩石。

阿加西在放假期间做了一些记录，每年都返回基地调研。1839年他偶然发现了另一间小屋，后来，他发现这间屋子离1827年最初被建地点相距1英里（1.6公里）。一定是冰川把小屋转移到新的位置，不然还有什么原因使它在12年内移动了位置呢？为了验证这一点，1840年阿加西直接往冰山里钉了一排桩子，从一侧到另一侧，紧紧地把它们固定在冰上。一年后他返回时发现那条线不再直了，成了U形，整条线偏离了原来的位置。在冰川侧面，石头与冰的摩擦力放慢了那儿的移动速度，但冰川中央的冰移动较快。

冰川漂移

阿加西已有定论：冰川是移动的。正是因为这一点，堆积在冰川底部的冰碛（终碛）或一侧的冰碛（侧碛）就可以找到解释了。冰川把石头冲刷走了，这些石头最后在冰川底部沉积下来，在这样的海拔高度，气温足以融化冰。

一直让人疑惑不解的漂砾、砾石沉积有些像冰碛，不过如果真是冰川把它们带到现今这个位置，这冰川早已消失了。无人曾看到过它们，也没有相应的历史记录。气温上升时，山上海拔较高的地区冰会融化，导致冰川消退。与此相反，温度下降时，冰川的面积会扩大。如果漂砾果真来源于冰川，它们的位置标志着一个明显的分界线。阿加西首先推论，在一个特定历史时期，过去的一个地质时期，整个瑞士处于一个大冰盖之下。他把对冰川沉积的研究延伸到北欧的一些区域，例如1840年苏格兰之行使他逐渐意识到，欧洲很大一部分区域是为冰盖所覆盖着的，同今天的格陵兰岛类似。

1840年他发表了《冰川研究》，阐述自己的发现。我们不能说他的想法是完全创新的。早在1787年，伯纳德·库恩就曾经提出过瑞士侏罗纪地区漂砾可能是冰川运送来的。詹姆斯·赫顿1794年调研了同一个地区，并得出了同一个结论。赫顿是苏格兰的一位自然哲学家，是地质概念*均变论*的创始人，今天我们仍能感受到地形变化的力量与推动这一进程的力量依然存在。1824年埃斯马克发现了挪威大范围的冰河作用，1832年阿·贝恩哈迪认为极地冰帽曾一路南下到德国的南部。阿加西发表了这本书后，瑞士的一位矿山负责人让·德·沙尔庞捷也发表了自己同一见解的书。但我们必须承认是阿加西提供了坚实、令人信服的证据，所以此后30年以后，他所提出的“大冰期”的概念渐渐地为科学家们所接受。

1846年，普鲁士弗里德里希·威廉四世为阿加西提供资金，让他到美国作报告，主要关于鱼化石以及他长期致力研究的主要课题。这一系列报告大受欢迎，他延长了自己的行程，之后决定永久性地居留于美国，最后成为美国公民。之后，阿加西又在北美的一部分冰盖上不断地探寻冰盖的边缘地带，奠定了自己的理论基础——大冰期影响了整个北半球。图20展示了从前北美冰盖覆盖最广阔的区域以及由海冰所覆盖的区域。1848年，阿加西被任命为动物学教授，并在哈佛大学建立了阿加西比较动物学博物馆。

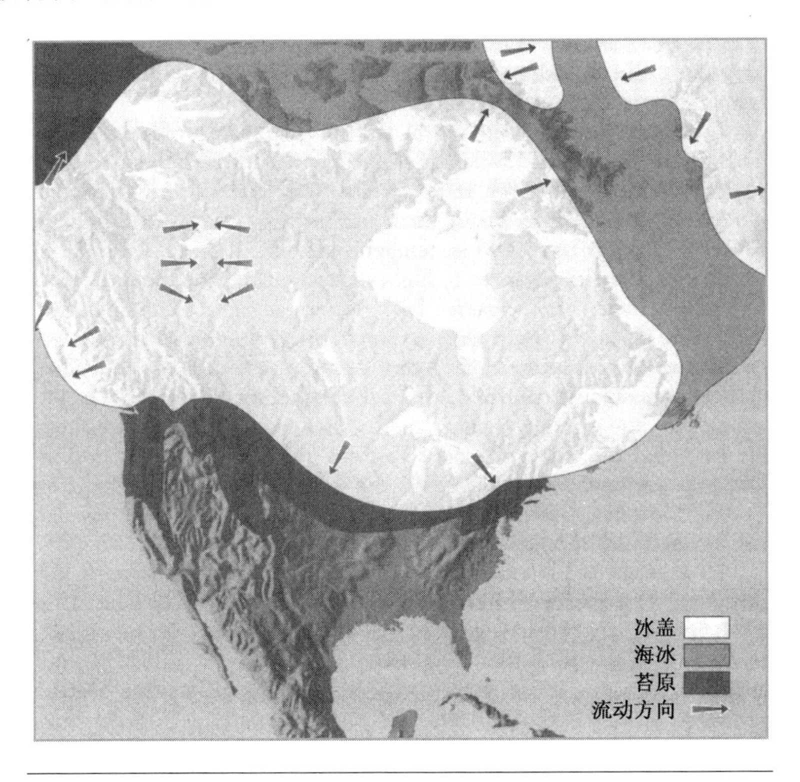

图20　北美威斯康星冰盖的最大范围

均变论与灾变论

新观点总是容易引起争议，只能逐步为人所接受。阿加西提出此观点之后，科学家们经年以来进行了激烈的争论，争论分为两派：均变论与灾变论。灾变论者认为地球的历史是由突发性的、激烈的事件组成的，满眼沧桑；均变论者则相信变化是逐渐的，连续不断的，我们今天观察到的进程早已开始，并且提出只有均变论才能对我们周围世界的形成作出充分的解释。

这个观点主要由“地质学之父”詹姆斯·赫顿（1726—1797）加以发展。虽然这个观点是通过仔细观察和推断为主，却没有引起大家太大的兴趣，这也许和大家看不懂他的文章有关。后来他的好友苏格兰地质学家约翰·普莱费尔（1748—1802）在自己的著作《赫顿学说的简述》（1802）中普及了此种理论。另一位苏格兰地质学家莱伊尔（1797—1875）也成了赫顿强有力的支持者。他在著作《地质学原理》中阐述了地球均变论历史，这套书分为三卷，在1830—1833年相继发表，不时地被修订，直到1875年才截止。莱伊尔相信漂砾是大冰期期间由冰山和浮冰运送来的。

在巴黎自然史博物馆工作的乔治·居维叶（1769—1832）是一位灾变论的支持者。阿加西在居维叶手下工作，本人是灾变论者，他提出大冰期使地球上的所有生灵消失殆尽。阿加西的大冰期观点确实对均变论者的观点——从形成起地球一直异常炎热，但也一直在逐渐降温——提出了严峻的挑战。

并非只有一个冰期，而是有许多

阿加西当然走得太远了。冰期确实使一些物种灭绝，但为数不多，它们当然不能吞噬一切生灵。他在另外一点上也犯了错误，他不应该认为大冰期仅有一个。这个时期在更新世中，始于200万年前，终于1万年前，但它只不过是几个冰期中的一个，是冰川推进的插曲。北美和欧洲在更新纪经历了5次冰期（有时被划分得更细）。它们在广度与程度上各不相同，被较为温暖的间冰期分开。大约10万年前，在伊普斯威奇间冰期，水牛、河马和大象生活在今天的英国伦敦，那时平均气温为4.5℉（2.5℃），比现在温暖。冰期非常寒冷，得不到任何缓解。间冰段不时地插入其中，它要比间冰期短暂、凉爽（参见表1，众所周知的“更新世冰期与间冰期”）。

表1　更新世冰期与间冰期

大约时间 (千年BP)	北　　美	大不列颠	西北欧
10—至今	*Holocene全新纪*	*Holocene全新纪（Flandrian弗兰德）*	*全新纪（Flandrian弗兰德）*
75—10	Wisconsinian 威斯康星冰期	Devensian 不列颠群岛冰期	Weichselian
120—75	*Sangamonian 桑加蒙间冰期*	*Ipswichian*	*Eeemian*
170—120	Illinoian 伊里诺伊冰期	Wolstonian	Saalian
230—170	*Yamouthian 雅茅斯间冰期*	*Hoxnian*	*Holsteinian*
480—230	Kansan堪萨冰期	Anglian	Elsterian

续　表

大约时间(千年BP)	北　美	大不列颠	西北欧
600—480	*Aftonian* *阿夫顿间冰期*	*Cromerian* *克里默尔间冰期*	*Cromerian complex*
800—600	Nebraskan 内布拉斯加冰期	Beestonian	*Bavel complex*
740—800		*Pastonian*	
900—800		Pre-Pastonian	Menapian
1 000—900		*Bramertonian*	Waalian
1 800—1 000		Baventian	Eburonian
1 800		*Antian*	*Tiglian*
1 900		Thurnian	
2 000		*Ludhamian*	
2 300		Pre-Ludhamian	Pretiglian

BP意思为现在前（“现在”指1950年）。斜体意大利语部分为间冰期，其他指冰期。现在对冰期与间冰期的日期越来越不确定，在北美还未发现200万年前的证据。就Thurnian冰期与Ludhamian间冰期来说，唯一的证据取自东英格兰Ludham的一个钻孔。

科学家相信，我们现在生活在间冰期，英国与欧洲称之为弗兰德，在北美称之为全新纪，有一天这个时期必定要结束，冰要重新出现。弗兰德开始于1万年前，北美称之为威斯康星冰期。这也标志着更新世纪元的结束，现在我们生活在全新纪纪元。

更新世冰期把整个世界埋藏在冰下。图21表明冰盖的面积以及最大冰盖的名称。西伯利亚并不是由一张连续的冰盖所覆盖，但这并不是由温暖的气温造成的，而是源于极为干燥的西伯利亚气候。

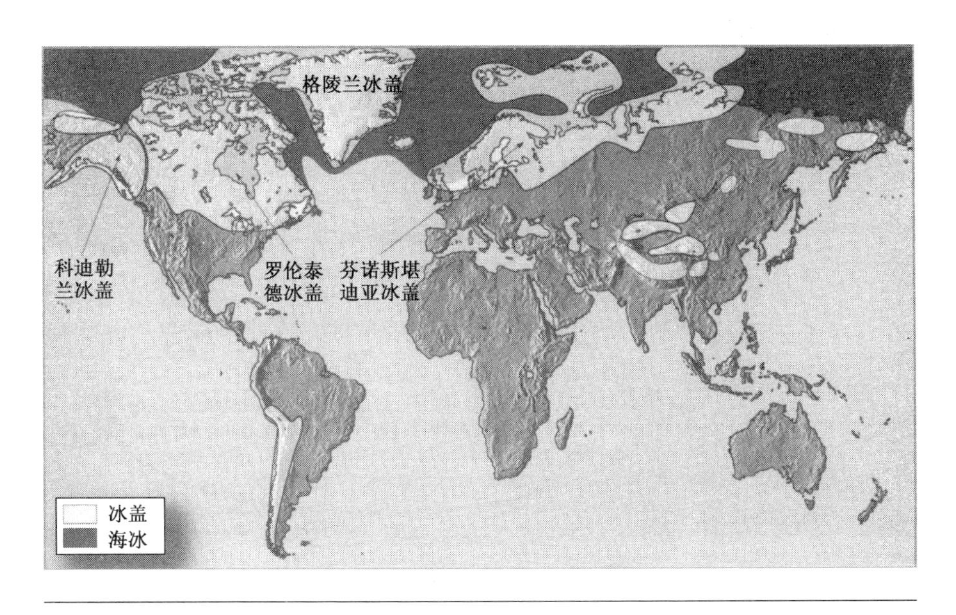

图21 大冰期时的地球

在大陆冰盖之间，海水由冰架和积冰覆盖，所以不可能去辨别大陆终于何处，大海始于何方。

比起北半球，南半球高纬度地区面积较小，所以效果不那么明显，但那时冰盖确实覆盖了南美西部。那时的世界与现在不同，海平面到处都在下降，浅海成了干燥的陆地。澳大利亚与现在的印尼接壤，而阿拉斯加横越白令海峡与亚洲相连。

冰期还出现在早些时候，虽然有关证据比更新世少得多。在950—650百万年前冰盖向前推进了两倍的距离。4.4亿年前，冰川在北美留下了遗迹，但人们不了解那个时期冰川的覆盖面积有多大。现在这样设想也合情合理：早在2.3亿年前出现了冰期，影响了现在的北美、南非和澳大利亚。

为何有冰期出现

没有人知道究竟是什么使冰期产生和结束的，但有大量的证据表明，大家非常赞同1920年塞尔维亚气候学家米兰科维奇（1879—1958）提出的观点。他花了30年时间研究地球运行的周期变化以及地球绕太阳公转的轨道。这些当然是有规律的，所以他运用周期性变化往前推测了65万年以及各个循环对应的特定周期。在此期间，他发现循环周期与冰期精确匹配。

在曲线图图22上，有三个循环。第一个循环是地球运行轨道，

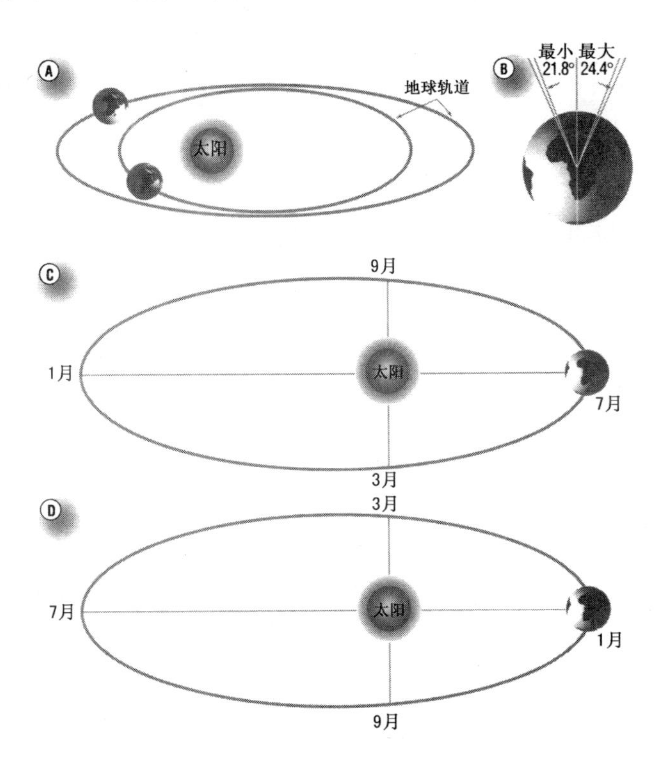

图22　三个米兰科维奇循环

行星轨道是椭圆形的，不是圆形，而太阳位于椭圆的两个焦距的一点上，这就说明地球处在轨道的不同位置，距离太阳的远近就不相同，获得的太阳辐射能量就有差异。现今，最大与最小的太阳辐射率之间差异为6%。10万年一个循环，就会使地球运行轨道的形状发生变化。椭圆越长，地球离太阳越远。到达这个循环的极限时，最大与最小辐射率之间的差异为30%。

地球旋转的倾斜度不是垂直的，这与太阳运行有关。地轴是倾斜的，现今地轴倾斜度为23.5°。过了4万年一个循环周期，角度就会发生变化，变化区间为21.8°—24.4°。这改变了高纬度地区的太阳辐射强度，因此，也改变了极地冰盖与海冰的面积与范围。

地轴有时摇摆，就像一个玩具陀螺，摆成一个小圆圈，这叫回旋。历经2.1万年一次的循环，它就会改变春分和秋分的时间，即在绕太阳公转时地轴垂直的时间，它同时也改变了地球离太阳最近（近日点）的时间。现在近日点在1月份，但1.05万前在7月，这对夏季和冬季是否温暖造成了影响。

就循环本身来说，它对地球接收太阳的辐射率影响很小，但偶尔会重合。这样一来，地球接收的辐射率减少还是增加，非常明显。当循环的最小辐射率出现时间与冰期开始时间一致，这时太阳辐射随间冰期达到最大值。

小冰期

更新世冰期末的最后阶段，即大约1550年，北半球的平均气温降低了2℉（1℃），直到1860年才开始升温，这一期间叫“小冰期”。冬季严寒，冰川四处向前推进。一年又一年，格陵兰岛西南地区的冬季降雪没有融化。住在一个挪威殖民地的所有居民全部死去，因为大块浮冰隔断了他们同外界的联系。一些科学家们怀疑20世纪的气候变暖可能是气候从小冰期开始持续恢复的结果。

小冰期很可能是由太阳引起的。1893年英国太阳天文学家爱德华·沃尔特·蒙德（1851—1928）发现1645—1715年期间，太阳黑子的数量比年平均量少，而且在那32年间没有一个太阳黑子。蒙德后来成为伦敦皇家格林尼治天文台的分光镜助理，一直在核查、检验过去的记录。几个世纪以来天文学家们一直对太阳黑子——出现在太阳表面的黑斑——感兴趣，并注意到了它们的存在。蒙德写了几篇有关太阳黑子的论文，提出太阳这方面的变化会对地球产生影响。他认证的这一时期又被称为蒙德极小值，直到20世纪70年代人们才注意到他的观点，是因为后来美国太阳天文学家约翰·艾迪又提出了这一观点。

太阳黑子活动影响高层大气中放射性碳^{14}C，因此从树的年轮中保存的^{14}C，可以看出太阳黑子的活动情况。最近5 00年来，^{14}C的记录很可靠，艾迪使用这些记录提示几个早期的蒙德极小值。之后，他又提及1645—1715年间的极小值与小冰期的最后一段吻合，而且更早的蒙德极小值与冰川推进吻合，以及根据记录提供的寒冷阶段。太阳极大值，太阳黑子的高峰期，正与地球上温暖时间一致。

米兰科维奇和蒙德两位天文学家都把我们从太阳那儿接受的辐射量与地球气候紧紧联系在一起。是太阳供给的热量使冬雪融化，预报夏天的来临，但现在我们知道每个季节的开端不断变化，地球轨道与旋转也改变了我们接受的射线量。过去，不时会在某段时期雪没有融化，暴风雪一直持续到相应是夏季的时间段。这确实发生了，科学家们深信这种现象会再次降临，虽然不是几千年内马上来临。

七 暴风雪闪击战

冰期迅速结束后，温度开始回升，冰开始融化，并且速度加快。积水成河，奔流不息，河水挟带着微粒子入海，或在穿越水平地面时减慢速度，微粒子沉积下来，不断地聚积，产生了沉积物。科学家们通过检验沉积物，就能测定出沉积速度，进而推测出从冰期开始过渡到温暖的气候历经的时间。整个过渡期可能需几十年，也可能仅需20年。

快速的变化带来的并非都是好事，变化是破坏性的，即使有时结果很好，但其中所发生的事情让人难以预料，难以控制。在最后一个冰期，大面积覆盖北美的洛朗蒂德冰盖的冰舌从英属哥伦比亚向南延伸，形成的冰坝挡住了华盛顿与爱达荷州交界处的克拉克福克河的去路。在冰坝后面，一个大约面积3 000平方英里（7 770平方公里）、深2 00英尺（610米）的湖在地表形成了。1.5万年前，冰期即将结束时，冰坝突然开了。湖中所有的500立方英里（2 083立方公里）水在48小时内倾泻一空。水浪以大于每小时50英里（80公里）的速度穿过低地，把所有的水倾倒一空。这个冰期湖消失得无影无踪；但直到1.5万年后的今天，陆地还没有在冲击的阴影下得以恢复，形成了大约1.3万平方英里（3.367万平方公里）不毛的火山地带，土地如此荒芜，太空科学家们竟然拿它做模型，以研究、规划对火星无人着陆的探索。

冰盖是自上而下，还是自下而上形成的

冰期可能会戛然而止，但大多数科学家认为冰期开始时发展缓慢。现在如果冰期马上来临，我们的后代得需要几个世纪的时间才明白究竟在发生着什么。另外，冰期开始可能与结束一样突然、迅速。如果这样，我们就能意识到气候的变化——可能在一两个世纪内，现在北纬50°的温暖地带会被永久性的积雪覆盖，并随着积雪的不断加厚，形成冰盖。1974年，英国科普作家兼电视记者奈杰尔·考尔德给这个快速侵袭的冰期冠以“暴风雪闪击战”的美名（十分严重、持续很长时间的雪暴有时称为暴风雪闪电战）。

20世纪70年代，气候学家们开始对冰盖的形成途径提出质疑。在那以前，传统观点一直是冰期在山脉中才开始。随着全球气温的下降，山脉首先冻结。雪一般被认为在海拔高度为山区的地方积聚。积雪越来越厚，最后下面的积雪层压缩成冰，冰会扩张，作为山谷冰川沿着山坡下滑，之后在山脚下沿着平原向四处滑动、扩张（参见“冰盖、冰川与冰山”）。冰盖逐渐在平原上扩展，最后与来自其他

山脉的冰川相遇并结合。如果这是冰川形成的过程，进程确实缓慢。从间冰期向全冰期过渡需要几个世纪或几千年的时间，但也许并非如此。也许冰盖是由下而上，而不是自上而下形成的，如果真是这样，冰盖形成速度要快得多了。

反照率

这确实与反照率和正反馈处处相关。反照率是测量反射的尺度。天气炎热，我们就穿浅色衣服，寒冷时穿深色衣服。浅色之所以浅是因为它们把洒落在表面的绝大部分光反射掉了。深颜色吸收光，因此颜色很暗。光是波长0.4—0.7 μm（1微米＝1/1 000 000米＝0.000 04英尺）的电磁辐射。辐射热也是电磁辐射，但波长为0.000 003—0.000 004英尺（0.8—1微米），我们的视力对这种波长的光反应迟钝，因此看不见它们。但是浅颜色反射这种光，正是因为这个原因，浅色的衣服吸热少。

放眼望去，我们会观察到地球表面的颜色深浅变化不一。一些地方为暗色调，而另一些地方为浅色调。如果乘飞机从云层上方往下看，就会注意到这些地方光芒四射。同衣服一样，地球的暗色区域比浅色区域吸热，也就是说，某些地方的反照率高于另外一些地方。科学家对不同地区的反照率进行了测量，并根据各区域反射的光和热制作了一张表格。通常情况下用百分比，如20%来表示，有时用小数，如0.2。表2提供了大家所熟悉的表面反照率值。

水的反照率因光照射的角度不同也会变化。太阳直射时，水吸收了照在其表面的98%的光，颜色变暗。当太阳处于地平线位置时，水几乎反射了所有的光。太阳很低时乘船出去，你就会因反射的强光而被灼伤。

如表2所示，新雪的反照率很高，所以刚刚下过雪，晴天出去时一定要戴太阳镜，以防强光刺激眼睛引起雪盲，这是很疼的。

表2　反照率

表　　面	反照率（%）
新　　雪	75—95
积　　云	70—90
层　　云	60—84
沙	35—45
融雪、雪泥与海冰	30—40
地表（平均）	30
沙　　漠	25—30
水　　泥	17—27
草　　坪	10—20
耕　　地	15—25
沥　　青	5—17
绿色农产品	3—15

雪缘

雪降落时的地表温度一定低于冰点。一旦雪降落，仅仅几米深的雪层保持地面的温度不受寒风冷却降温效应的影响，因此地面上空的气温比雪下面的地表温度低50℉（28℃）。

雪还会把太阳辐射加以反射。热的反照不能使地表升温，因为热从来不能接触地表，这就意味着雪不能让地表升温，但也不能阻止它逐步冷却。这是因为超出了雪缘，裸露的地表把吸收的太阳辐射几乎全部反照回天空，冬季地表把在夏季吸收的热传播出去。裸露的地表比邻近的雪覆盖的地表温度低，热就从温暖的地表向低温地表传播，这样雪下面的地表就冷却下来了。

正反馈

反照率通过正反馈能引起温度的变化。当一个体系中的输出量对输入量造成影响时，*反馈*出现了。恒温器就是通过反馈起作用的。当水箱里的或中央加热系统中的水温超过了极限，恒温器就会关闭加热设施。我们的身体也是通过反馈来保持比较稳定的体内条件。饿了就吃，吃了就饱，所以你不会再吃了。如果体温超过了极限，就会流汗，这就是*负反馈*，之所以以此命名，是因为到了一定的数值后，它就降低或中止摄取量。如果继续摄取，甚至加速，这是正反馈。很明显，负反馈比正反馈在自然界中更为常见，但正反馈有时也能发生。

随着冬天的结束，太阳的强度也有所增加，这使地表升温，自然也温暖了与之接近的大气。雪融化了，降水量是以雨而非雪的形式降落。因为即使是常年积雪也会把落于其表面辐射的40%反射掉，所以由雪覆盖的表面比草坪和土壤升温更慢。雪主要在雪缘开始融化，因为在这儿雪与温暖的地表接触。雪退却了，在接受日照很少的掩蔽处或冷空气聚集的山谷中长期徘徊，缓慢融化。

春天就是这样来临的。但不妨想象一下那个气候特别严寒、降雪较多的冬天。再不妨想象一下，在那个严冬，一些因素，诸如地球在旋转轨道中，自转与公转中的位置可能会减少行星的太阳辐射量（参见“路易斯・阿加西与大冰期”中对“米兰科维奇循环”的解释）。

高纬度地区夏季气温不会超过冰点以上太多，雪还会继续反照辐射，所以不是所有的雪层在冬天来临之前都会融化。寒冷的地表使上方的气团温度降低，冷空气就分散到侧面，超过雪缘。最后，与雪相接的裸露地表温度也会下降。来年，冬天就要有更多的雪，春天雪表面的高反照率会把雪融化需要的辐射反照，夏天存留的雪层比第一年夏天的雪层还要厚。而正是由于它的冷却效应，雪层覆盖的面积越来越大。一年又一年，高反照率把射线反射回去，这样只能使积雪上方的气温保持冷冻，积雪覆盖面积不断扩大，雪深度增加，后来积累到一定程度时雪层受压变成冰。

这样一来，冰盖就很可能形成。随着岁月的推移，它会扩大到低纬度地区，因为一旦正反馈开始启动，力大无比。高反照率会降低气温，增加高反照率积雪的面积，温度越来越低，造成恶性螺旋形上升。以这样的速度进行下去的话，不超过几个世纪，一个全冰期就会形成，必然会有冰盖、浮冰和山谷冰川。一个世纪可能是很长的时间，但与业已存在的100万年的冰期相比，不过是九牛一毛。这必然会带来暴风雪闪击战，每年大家都能测量冰扩张的新面积。

这会发生吗

没有人知道冰期是否会突如其来，今天许多气象学家特别关注的是天气转暖现象，而不是全球变冷。大多数冰期是逐步发展起来的，但我们也不能肯定说暴风雪闪击战不会发生，尽管到现在为止，还没有出现过。

最初，北大西洋的降雨量增加，这可能是气候转暖的结果。有了足够的降雨量，就会有一淡水层飘浮在高密度的盐水上方。这会改变大洋环流，阻止湾流中的暖水快速流经西北欧，进入北冰洋。冬季，淡水层比海水容易结冰，因为它的结冰点要稍高一些。海冰覆盖的区域扩大，降落在冰上的积雪会增加反照率。在冬季形成于北美上空的极地冷气团在与大洋水接触中，并不升温（参见“大陆性气候与海洋性气候”）。在欧洲，冬季会更加寒冷，时间变长，这是反照率增加和暖水北运受阻造成的。一个冰期的发展大概需要几十年的时间。

正反馈也会反向发挥作用。冰期结束时，加速变暖主要是正反馈的作用。一旦冰盖开始退却，裸露的地表面积就要增加。冰盖和冰川把土壤全部冲刷掉了，所以最初地表只是裸露的石头。岩石的反照率为22%，这就说明它吸收78%的射于其表面的辐射热。与雪相比，石头的温度越来越高，雪即使在很脏和融化时，它的吸热率也不能超过60%，裸露的岩石把紧挨着的雪先行融化。一旦暴风雪闪击战开始了，正反馈就要发挥它巨大的驱动力。

过去与今天的气候不同，或冷或热，总之，气候是不断变化的。当然这种变化是逐渐的，我们只有查阅几个世纪的历史记录才能感知这种变化。但有一点不容置疑，在某种环境中，正反馈也能造成恶性螺旋形快速变化。

八 雪球地球

在冰纪中，冰盖从北极和南极向外扩张，一直到南北纬50°。为海冰所覆盖的面积也在不断地扩大。在2 000年前，最后一次大冰川覆盖全球的面积最大，那时还没有北海、爱尔兰海和英吉利海峡，爱尔兰、英国和欧洲大陆还连成一片。所以那个时期可以穿越英吉利海峡；也可以跨过冰海到欧洲、爱尔兰。

那个时期，冰盖和冰海占地球面积的1/3。有的地方，冰盖厚达1.25英里（2公里）。水在冰盖中结冰，所以降低了海平面的高度，大约比今天低400英尺（122米）。地球已500万年没那么冷了。显然，这种让人不太乐观的状况很可能意味着下一个冰期的到来。

古代冰川沉积

1964年，英国剑桥大学的地理学家布赖恩特·哈兰德对令人迷惑的现象作出了解释。冰川沉积,同更新世冰期留下的沉积一样(参见“路易斯·阿加西与大冰期”),只不过年代较为久远,可以在世界的许多地方见到其残留的遗迹,这些沉积大约已有5.43—10亿年的历史。哈兰德认为,这段时间一个大冰纪笼罩了整个地球。

20世纪60年代,许多地理学家相信大陆是移动的,但大陆板块在地表的布局如何(参见补充信息栏:大陆漂移和板块构造学说),无人知晓。很可能当它们向南极、北极移动时,为冰所覆盖,也可能大陆向热带漂移,上面是冰川沉积。哈兰德却认为这不太可能,因为冰川沉积中四处可见热带沉积层。看起来好像大陆板块在接近赤道时,已为冰所覆盖。换句话说,冰覆盖了南北半球,一直到达赤道。

哈兰德并不知道,与此同时,列宁格勒地理观测站的米哈伊尔·布德科正在创建气候模型。布德科是世界上最著名的、最有经验的气候学家,那个时候他正对行星反照率的正反馈潜心研究。他的模型说明如果全球气候变冷,那么冰就要覆盖低纬度地区,并且反照率就会更快上升,这是因为离两极越远,每一纬度对应下的面积就要增加,这是地球的椭圆形状决定的。模型还说明,一旦冰到达南北纬30°,从白色表面上发出的反射光形成的正反馈就会很强烈,海就要结冰,一直到赤道。所有覆盖大洋的冰层厚度平均为0.6英里(1公里),整个地球就像一个雪球。

补充信息栏 大陆漂移和板块构造学说

精确的世界地图16世纪时开始使用，这是佛莱芒地图绘制员格哈德·克雷默（1512—1594）绘制的，但人们更熟悉他的希腊名字赫拉德斯·墨卡托，当人们研究世界地图的时候，发现非洲好像与南美洲紧紧相连，而北美洲格陵兰岛和北欧像一块七巧板一样拼凑在一起，长期以来人们认为这只不过是巧合。随后20世纪早期，德国气象学家魏格纳（1880—1930）作出了解释。

魏格纳认为，所有的大陆是一个大板块，之后才分开，慢慢地漂移到现在的位置，现在仍继续漂移，他把这个称作大陆漂移。1912年，他把他的想法公布于世，并提供了许多证据。第一次世界大战爆发时，他应征入伍，不幸受伤，住院疗养期间，进一步完善自己的理论。

那时，他的想法没有得到科学界多少支持，因为那个时候谁也不认为大陆会漂移。20世纪40年代，人们的兴趣不断增加，地质学家了解到，熔岩当中的矿物颗粒与地球磁场平行，熔岩凝固时，方向保持不变。但是，有时，地球磁场会倒置它的极性，北极变成南极，南极变成北极。洋脊穿过每个大洋板块的海底，20世纪40年代，科学家们发现洋脊每一侧的岩石形成了一个地带，这个地带通过磁极性倒置可以辨认出来。熔岩好像来自洋脊，把海底同洋脊分开，之后凝固。1963年，美国海洋学家罗伯特·辛格莱·迪茨（1914—1995）把这个过程称作*海底扩张*。

1967年，剑桥地质学家丹·麦肯茨（生于1942）搜集了所有的证据，提出*板块构造学说*。板块构造学说是地质学术语，指岩石的结构和产生岩石的动力。板块构造学说理论坚持地壳是由板块构成的，在地壳下面地幔中的温度极高的高密度可塑型石头对流使地壳缓慢地移动，这就解释了大陆是如何漂移的，海底是如何张合的。板块之间的交界处可能不活跃，没有一个板块漂移；也可能非常活跃，如果板块彼此分开，交界处也要分离，如果板块朝对方移动，彼此交叉，

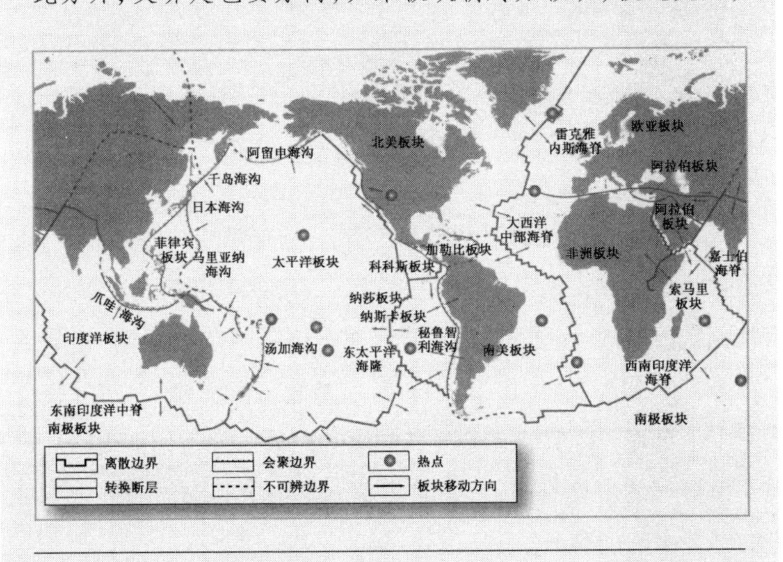

图23　地壳的主要板块

就要形成*转换断层*。大洋和大陆地壳汇聚的交界处，大洋地壳插入密度不太大的大陆地壳底端，大陆地壳就会破碎，隆起山脊，例如安第斯山脉、喜马拉雅山脊就是由两个大陆板块撞击破碎，之后隆起才形成的。热点是火山高发区，是由地幔的对流而引起的，一些处于板块交界地带，但也有一些热点离板块交界地带很远。当地壳在其上方移动时，它保持静止。

图23标明了主要板块和热点各自的名称和地理位置，以及其移动方向。

这会发生吗？

气候学家们把用计算机建模当作一个有趣的练习，但没有人相信这曾经发生过。如果地球过去真那么冷，就不可能有生命的存在。而且，无论我们讨论这冰期前或后都有确凿的化石证据，生命确实存在过。20世纪70年代，反对声有所减弱，因为在*喷气口*——这个区域中来自地壳中富含矿物质的热水的出处——附近的大洋底部发现了大群落的生物有机体，还发现苔藓与细菌在南极洲极度寒冷干燥的山谷中也能存活。

但是，也有比较尖锐的反对意见。一些计算表明如果冰覆盖整个行星的表面，地球上这种气候状况应是永久不变的。地表会将降落在其上的辐射的90%向上反射，而存留的10%不足以使冰大面积融化，地球仍然还是一个雪球。

后来在20世纪80年代晚期，加利福尼亚技术学院的地理生物学教授乔·柯什维科发明了*雪球地球*这个术语。是柯什维科提出：以板块动力学为基础的化学反应过程结束了这次冰期。

图24　纬度与地表面积
因为地球是椭圆形的，两条纬度线之间的面积会随着两极间距离的增加而增加。

融化产生“温室地球”

随着板块移动，板块之间的地带必然产生强烈的火山作用。即使地表封冻，火山活动也要继续下去。火山把二氧化碳释放到大气层中，由于二氧化碳循环被切断，二氧化碳不断地积聚。

二氧化碳溶于云层的水滴中，形成碳酸（H_2CO_3），通过降雨落到地面上。酸雨与地表岩石中的矿物质发生反应形成碳酸盐（CO_3）。溶于河水的碳酸盐流入大海，并与水中的钙和镁发生反应形成不溶于水的化合物，这些化合物沉积在海底。二氧化碳通过绿色植被和一些细菌的光合作用发生迁移，但在冰期，光合作用完全停止，没有降雨使二氧化碳迁移也会停止。因为寒冷地表不会再有液体水，没有蒸发，空气也不会拥有太大的湿度（参见补充信息栏：为什么暖空气比冷空气富含更多水分）。

如果二氧化碳不发生迁移，它会在大气中不断积聚。二氧化碳是温室气体，吸收红外线辐射。虽然冰把地表的绝大多数辐射反射掉了，还是有一些辐射被吸收了。物体吸收辐射，就要比周围的环境温度高，之后再把热传导出去。即使在大冰期，地球还是吸收和再辐射一小部分热，二氧化碳吸收了这部分热，气温一点点地回升。

宾夕法尼亚州立大学的肯·考尔德里阿与基姆·卡斯廷计算出通过这种途径结束一个冰期需要的二氧化碳量是现在的350倍。如果火山活动量与今天活动量相同，那么，冰山在赤道上融化破碎之前得需要几百万年甚至几千万年的时间。

冰一旦开始融化就不会停止。没有途径使二氧化碳发生迁移，它就会积聚，气温就会越来越高，最后达到122℉（50℃）。所有的冰将融化，蒸发越来越强烈。大朵的云团形成，大雨瓢泼不止，将持续许多年。大雨将空气中的二氧化碳迁移，云的上端反射太阳光，温度开始下降，最后处于恒温状态，生物可以生存。雪球地球变成“温室地球”，冰川时期结束。

白云岩帽

在世界的许多地区，由碳酸钙镁组成的白云岩帽覆盖着古冰川沉积。白云岩帽通常在较厚黏土和石灰石的下方。从表面看白云岩沉积迅速，当海平面上升时沉积下来。

同绝大多数元素一样，碳有同位素。同一种元素的同位素化学性质相同，但原子质量不同。碳原子含有相同的质子数，质子决定元素中的化学性质，所以化学性质相同，但决定原子质量的中子数不同。有两种比较稳定的碳同位素：99%的^{12}C和1%的13C。生物过程使用较轻的^{12}C，最后，海洋生物的贝壳形成了碳酸岩，因此火山喷发物释放出来的二氧化碳在生物起源中^{13}C的含量少于1%。^{13}C在冰川沉积的下方的碳酸岩、白云岩帽上面石层中的变化，表明大规模的生物活动下降，持续了大约1 000万年，之后才慢慢地恢复。

2000年乔·柯什维科发表了关于大约在2.4亿年前，雪球地球存在的证据。他的证据表明世界最大的金属镁矿是冰期中地球融化时，一系列化学反应造成的。他对喀拉哈里锰矿做了检测，调查的结果表明，这里所含的锰占世界锰矿总量的80%。

雪球地球还是融雪球

有证据表明,“雪球地球—温室地球”先后出现不止一次,大约在7.5亿年或5.9亿年前,至少出现过2次。有些科学家提出很可能这种现象在这个时期出现了4次。

为什么会出现这种现象?没有人知道,但表面上让人较为信服的解释都围绕着板块学说。大约5.9亿年前,气候反复不断地变化,绝大多数大陆位于南半球,赤道或北半球的热带区域陆地很少。图25向我们展示了在板块构造驱动力的驱使下,大陆漂移到某个地点。它们聚集在南极周围,成为“超大陆”,仅为狭窄的地峡分开,但从很大程度上讲,已经同从赤道运送暖水的洋流隔绝开来。这种隔绝使气温不断地下降,一旦冰原形成,就会铺天盖地蔓延开去。本来应在特定的纬度下,冰原面积才能不断扩大。

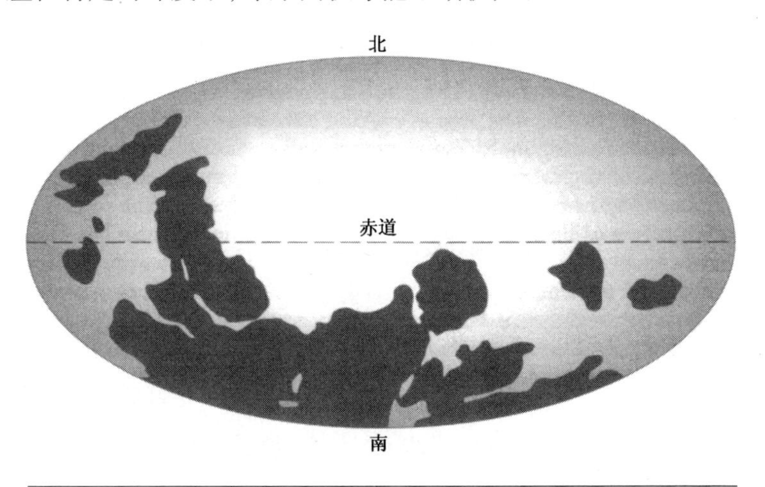

图25　5.9亿年前的世界地图
大陆漂移使绝大多数大陆处于南半球。

绝大多数地理学家们承认此古代大冰期的存在，但不是所有人都赞同赤道也出现了冰。戈达得学院宇宙研究专业的琳达和马克设计的计算机模型说明冰可能出现在南北纬10°，大约30%的洋面无冰，这就产生了融雪地球，而不是雪球地球。更为重要的是，生物活动可以在这样的环境中进行。

加利福尼亚大学的马丁·肯尼迪相信生态活动在大冰期时会正常进行。他的研究还发现大冰期中的碳酸石中^{13}C的含量持续上升，而不是降低；^{13}C含量降低是在冰融化之后才出现的。

现在的争论一直围绕着冰原的范围，一派是雪球版的支持者，一派是融雪版的支持者。尽管如此，没有人对世界曾出现过最严酷的冰期提出质疑。在威斯康星冰期最严酷的时节，一些地方冰原延伸至南北纬40°，这距离迈克尔·古迪科发现的大约在南北纬30°的冰原延伸带还要远得多，另外，它距人们设想的融雪地球版本中冰所到达的范围更远。所以，这说明地球能产生更为严酷的气候，可能比几百万年来地球的气温还要低。

九 雪线

高山上终年覆盖着积雪，常年积雪较低的界限叫*雪线*。雪线以上区域，一年中任何时候都可能出现雪暴，因为山区是狂风肆虐的地方。

爬山时，我们感到海拔越高，气温越低，气温随海拔高度降低被称为*温度直减率*。在干燥的大气层中，温度直减率一般称作干绝热直减率（DALR），一般为海拔高度每升高1公里，气温下降10℃，或每升高1 000英尺，气温下降5.5℉（参见补充信息栏："绝热冷却与升温" 和 "蒸发、冷凝与云的形成"）。

可以这么说，如果全世界海平面平均气温为59℉（15℃），那么海拔高度超过5 000英尺（1 525米）的气温总是会低于32℉（0℃）。甚至夏季，这个海拔高度以上的区域终年降雪，并永远不会融化。这几乎绝对正确，但在现实中，情况更为复杂。

干燥的大气与湿润的大气

无论降水是以雨还是以雪的形式出现，都表明大气潮湿、水分饱和、不干燥。如果水分饱和，大气直减率称作*湿绝热温度直减率*（SALR），湿绝热温度直减率比干绝热温度直减率（DALR）要低，更多变。这主要是因为水蒸气凝结释放出*潜热*，气温升高（参见“水结冰、冰融化时会发生什么”）。潜热的释放量取决于水凝结量，而后者取决于大气中水蒸气的含量。水蒸气含量因气温差异而不同，暖空气比冷空气容纳更多的水蒸气（参见补充信息栏：为什么暖空气比冷空气富含更多水分）。换句话讲，湿绝热温度直减率会因气温不同而发生变化。暖空气中，每升高1 000英尺气温降低2.2℉（1公里4℃），因冷空气为干燥大气，所以其温度直减率接近干绝热温度直减率。海平面温度为59℉（15℃），湿绝热温度直减率为每升高1 000英尺，气温下降3℉（每升高1公里，气温下降5.5℃），所以潮湿大气中冰点出现在海拔9 000英尺（2 745米）的高度。

虽然海平面气温一般为59℉（15℃），但这只是世界平均温度。极地海洋气温要远远低于世界平均温度，而热带海洋气温要远远高于此温度。确实，赤道附近海平面气温一般高达80℉（27℃）。大洋上空的暖空气必然潮湿，其湿绝热温度直减率大约为每升高1 000英尺，气温下降2.5℉（每升高1公里，气温下降4.5℃）。如果温度起点为80℉（27℃），以上面我们提到的温度直减率为标准，在海拔高度为1.9万英尺（6 000米）才能达到冰点。另一方面，远离缅因海岸，海平面温度为50℉（10℃），湿绝热温度直减率为每升高1 000英尺，气温下降3℉（每升高1公里，气温下降5.5℃），那么只有在海拔高度为6 000英尺（1 800米）的高度时才能达到冰点。

地表平均温度随着距离赤道越远而越低，在高纬度地区，气温终年为零下。格陵兰岛夏季雪线高度为2 000英尺（610米），而北极、南极附近冰点的海拔高度为地表，所以南北极山脉终年积雪覆盖，差异确实很大。

山形效应

雪线高度还取决于山形和山向。如图26所示，山的一侧比另一侧接受日照多。在北半球，一般南侧、西南侧接受日照多，这一侧叫

图26　山两侧的雪线

向阳坡。反面北部和东北部为阴影覆盖，叫*背阳坡*。因为向阳坡温度较高，所以其雪线高度要高一些。但是中纬地区，天气系统从西向东循环。大气来到山区，被迫上升，温度降低，水蒸气凝结，雨雪降落，因此山的西侧比东侧降水量大。在干燥裸露地带，特别在背阴的地区，雪线高度要低一些。

实际上，真正的温度直减率往往同标准湿、干绝热温度直减率不同。我们把地区温度直减率称为*环境推移率*（ELR），环境推移率指气温随真正的地表温度变化的比率，而真正的地表温度指某时、某地对流顶层的真正温度。

山风

当大气顺山脉攀升，会以标准温度直减率速度降温——干燥绝热温度直减率或湿绝热温度直减率，也可能比环境推移率或低或高。如果数值偏高，当空气到达山顶时其温度要比周围空气温度低，这样它就会在山的另一侧下沉，这势必会绝热升温，移动时是一股暖风。用专业术语讲，在山的一侧向下移动的风称为“焚风”。北美的钦诺克风（冬暖春凉之风）最为有名，它沿落基山东侧而下，因为它化雪的速度之猛、之快，有时人们称之为“食雪客”。众所周知，它能让气温2分钟之内一下子升高到40℉（22℃），那么如果我们说1分钟之内气温升高1℉（0.55℃）就太不足为奇了。焚风还限制了山的阴面积雪量。

除赤道外，各地区平均地表温度因季节不同而变化，这说明雪线也因季节变化而变化。冬季比夏季雪线要高一些。例如喜马拉雅山夏季的雪线高度从东侧1.3万英尺（4 000米）到西侧1.625万英尺（5 000米）不等。

如果山脉较高，其山顶就要终年为积雪所覆盖。虽然冬季雪线下降，但存在着常年积雪线（万年积雪线），它标明终年积雪覆盖的较低区域。安第斯山脉的常年积雪线为1.8万英尺（5 500米），而落基山脉为9 000英尺（2 750米）。

哪里最容易降雪

真正的山脉满是悬崖峭壁，深邃的山谷，怪石嶙峋，直入云霄，所以总有背阴之地，有永久处于阴地之所，雪就会久积于此，不能融化。但即使有一座平滑的圆锥形山脉，在上面找到哪一部分最容易为积雪覆盖，也确实很难。图27展示了从高空看一圆锥形山脉的视角：从高空看，这座山脉是圆形的。在北半球中纬度地区，太阳在夏季正午时分大约在西南方向。正午时分日照最强，所以山的西南侧要比处于阴面的东北部温暖。天气系统从西向东循环，西侧降水量最大，因为这一侧受天气的影响，接近山脉的空气向上被迫攀升。如果把这些因素结合到一起考虑问题，我们可以把这座山分为四个区域。

山的南部和东南部有充足的阳光，不受天气的影响，西北、西南地区完全受天气影响，但阳光明媚；而处于东北、东南之间地带既背阴，又不受天气影响，所以气温低，且干燥；北部和西部，背阴，但一

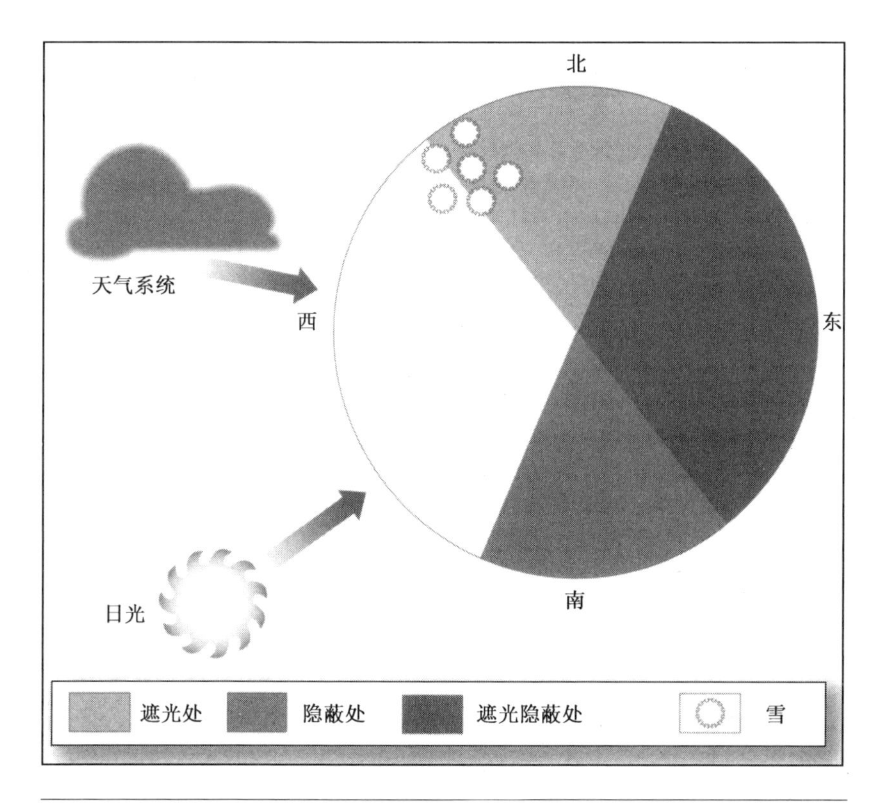

图27　山雪最容易降落在何处

部分区域受天气影响，所以这个地区有可能降雪。

最后我想说预测何处有雪线不用严格遵守固定的快速法则，也没有这样的固定法则。从平均高度讲，热带地区雪线为1.6万英尺（5 000米），南北纬45°为8 000英尺（2 400米），南北纬55°略高于5 000英尺（1 500米）。每一块大陆上，都有其海拔高度足以使雪线存在的山脉，而赤道地区也可能会发生雪暴。

十 雪暴发生在何地

有时飞机失事，所以机组人员必须在此前接受生存培训，以应付援救队到来之前所必须经历的艰难，在恶劣的环境中寻找避难所、食物，所以训练课程包括在冬季求生，在北极求生。许多年前，一组参加过加拿大冬季求生课程的加拿大空军飞行员，受困于北阿尔伯达省，一天清晨从帐篷中出来时他们发现气温为–50℉（–46℃）。千万记住，这是冬季求生课程，而非北极求生课程。

冬季，加拿大的草原大省马尼托巴省、萨斯喀彻温省、阿尔伯达省异常寒冷。气温常达–20℉（–29℃），有时竟会降温不止。阿尔伯达省省会埃德蒙顿一年四季气温均为零下，一二月份气温可低达–57℉（–49℃）。萨斯喀彻温省省会萨斯卡通及马尼托巴省省会温尼伯气温只略高一些。萨斯卡通1月份平均气温为–11℉（–24℃），但也有过–55℉（–48℃）的最低历史记录；史载温尼伯的最低气温记录为－48℉（－44℃）。

你或许以为这些极度严寒地带出现雪暴司空见惯。毕竟，降水量的形式是雪，草原地区狂风肆虐，可以以迅猛的速度将雪吹起，向各个方向驱散。实际上，雪暴很少见，尤其在最寒冷的月份，空气极为干燥时。加拿大北部，每月平均降水量为1英寸（25毫米）；加拿大北部虽然处于远北地带，但其降雪量要远远少于美国。例如，在12月、1月和2月份，温尼伯的月平均降水量为0.9英寸（23毫米），芝加哥为2.0英寸（500毫米）。芝加哥比温尼伯温暖，但冬季白天平均气温一般在零度，夜晚降至零下。尽管芝加哥在温尼伯的南部，纬度相差8°，气温稍高一些，但芝加哥更容易出现雪暴。

寒冷的气候就是干燥的气候

在南北纬超过30°的任何海平面地区都可能降下大雪。但雪暴除了容易在北极出现之外，我们说高纬度地带不太容易发生雪暴，在温暖地带比较常见。因为只有空气中水分饱和时，才能降雪，一般在4℉（－16℃）时，空气中富含的水蒸气量足可以形成降水。

天冷时气温一般为零下，天空异常澄澈，间或看到一两朵云。这时，人们总会说，“天太冷不能下雪”，他们的说法确实正确——不是温度极低的冷气团带来雪暴，而是相对温度稍高的暖气团，补充信息栏“为什么暖气团比冷气团富含更多的水分”给我们解释了原因。最容易降雪的温度是在25℉（－4℃）和39℉（4℃）之间，大气在此温度之间水蒸气含量足以形成降水，云下部气温低，雪落地之前不会融化。

初冬、冬末最容易有这样的天气，所以这个时节多发生雪暴。圣诞节前后，经常会有大雪。例如，1980年11月17日和18日，从墨西哥北部始，一直到美国东部地区连降暴雪，而1913年11月8日和1975年11月8日，五大湖区出现了强烈的冬季暴风雪。

春季雪暴

春季雪暴大都发生在3月份。1888年3月11—14日在新英格兰和1978年3月9日在美国中西部地区均发生了雪暴。这些雪暴使新英格兰与纽约州部分地区的平均降雪量达到40英寸（1 016毫米），并使400多人丧生。2003年3月8—20日，雪暴袭击、横扫科罗拉多，在山上倾倒了深7英尺（2米）的积雪量，波及玻尔得和杰斐逊两县的部分地区，积雪量达60—70英寸（1.5—1.8米）。

1993年的那场雪暴是现代最严重的雪暴之一，让人记忆犹新，人们总把它称为“93年的雪暴”或“1993年3月超级暴风雪”。它形成产生于3月12日早晨墨西哥湾的一小块低气压带。如果低气压没有持续发展，很可能不会发生什么，但从加拿大吹来一股长达3万英尺（9 150米）南向急流，形势异常严峻——低气压加强，3月12日下午和晚上中心气压持续下降。

到第二天上午早些时候，低压在路易斯安那海岸南部地区转变成了大风暴，美国南部很大一部分地区受到了雪、雹和雨的袭击。这场风暴产生了雷暴，引发了龙卷风，佛罗里达州锅柄状地区遭受了洪水的侵袭。3月13日的后半天，风暴继续北行，晚上到达切萨皮克湾，一路上程度不断加强。这时，它已经使美国大西洋沿岸完全面临着大雪和雪暴灾害，积雪不断移动，有时能见度为零。3月14日，雪暴深及加拿大东部，但所幸还好，其势力有所减弱，在那一天结束时消失了。

那次风暴给美国东部1/3的地区大约1亿人口带来了不良影响：机场关闭、交通中断、财产损失、产品产量及人力损失总计几十亿美元，270人丧生。

当然不是所有的雪暴都发生在春季，有时也可能是冬季。1996年席卷大部分美国东部地区的雪暴，同年1月份发生在英国的雪暴以及1888年的1月11—13日蒙大拿州、达科他州和明尼苏达州，遭受了史载人类最严重的雪暴。2003年1月上半月，雪暴侵袭了法国后，在2月上半个月又入侵英国。

产生暴风雪的条件

如图28所示，冬季有3种气团影响北美。覆盖加拿大部分地区的极地气团干燥、异常寒冷，干燥的空气从极地高压区向南流动。加勒比海、墨西哥湾、美国东南部为来自大西洋向西流动的温暖、潮湿气团所覆盖。而这两个气团之间的区域、西部沿海地区、美国中部地带都受太平洋气团影响。

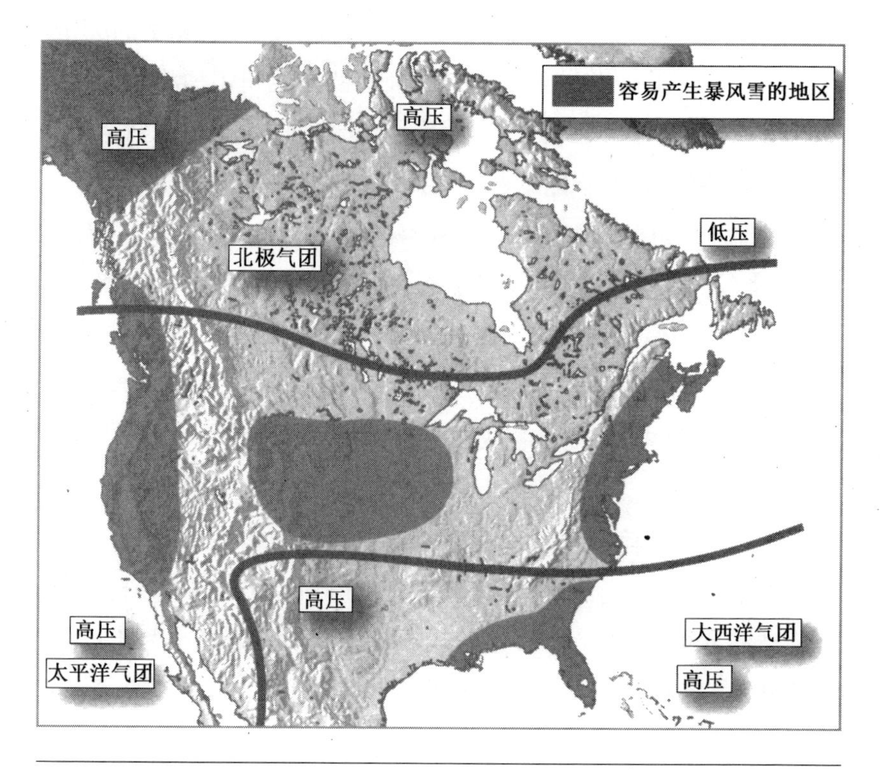

图28　北美冬季气团

至于气压，格陵兰岛东部为低压，高压位于北极、美国中部、加利福尼亚海区和南加勒比海。太平洋和加勒比海高压区位于北美洲偏南地带，在冬季它们的影响远不如夏季，冬季不同类型的气团相互交叉混合在太平洋大气层，产生锋系。这些锋系越过大陆向东移动（参见补充信息栏：锋面）。

给北美东部带来雪暴的天气系统往往从离开卡罗来纳海岸的低压区开始发展，之后程度加强，随着旋转的风力加大之后向北移动，对哈特勒斯角到加拿大新斯科舍省的沿海地带造成影响（参见图

28）。因为科里奥利效应（参见补充信息栏：科里奥利效应），风逆时针方向流动，图29清楚地说明冬季低压区的风向。风吹过大洋，吸收了水蒸气，随东北风刮到东海岸。当低压向北移动时，这些风就会引发洪水，侵蚀海岸，但当它们到达新英格兰时，就会引起雪和雪暴。

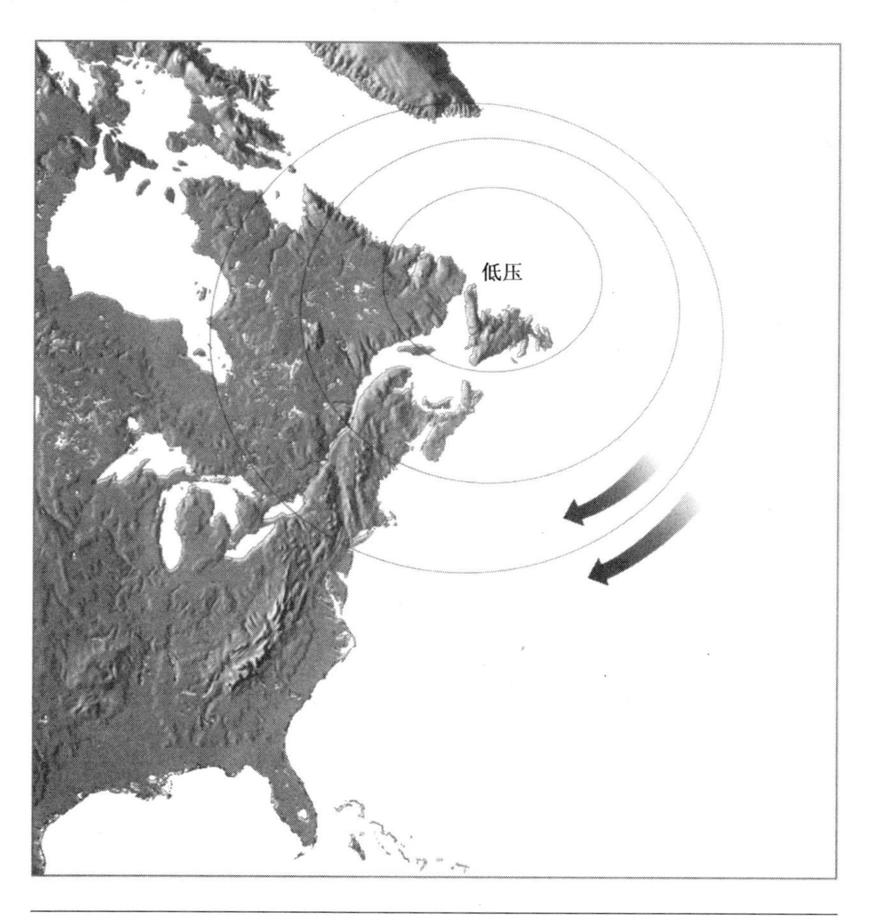

图29　冬季低压区的风向

补充信息栏 科里奥利效应

在向赤道或赤道两侧运动时，除非物体紧贴地面运动，否则物体的运动路线不是直线而是发生偏转。在北半球时物体向右偏转，而在南半球时则向左。所以空气和水在北半球按顺时针方向运动，而在南半球则是按逆时针方向运动。

第一个对此现象作出解释的人是法国物理学家加斯帕尔·古斯塔夫·德·科里奥利（1792—1843）。“科里奥利效应”由此得名。科里奥利效应在过去又被称为科里奥利力，简写为CorF。但现在我们知道这并不是一种力，而是来自地球自转的影响。当物体在空中作直线运动时，地球自身也在运动旋转。一段时间之后，如果从地球的角度去观察，空中运动物体的位置会有所变化，其运动趋势的方向会发生一定程度的偏离。这是由于我们在观察运动着的物体时选择了固定在地表的参照物，没有考虑地球自转的因素。

地球自转一圈是24小时。这就意味着地球表面上的任何一点都处在运动当中并每隔24小时就回到起点（相对于太阳而言）。由于地球是球体，处于不同纬度上的点的运动距离是不一样的。纽约和哥伦比亚的波哥大，或是地球上任何两个处于不同纬度的地区，它们在24小时中运行的距离是不一样的。否则的话，地球恐怕早就被扯碎了。

我们再举个例子具体说明一下。纽约和西班牙城市马德里同处北纬40° 线上。赤道的纬度是0° ，长度为2.488 1万英里（4.003 3万公里），这也是赤道上任何一点在24小时之内行过的距离，所以赤道上物体的运行速度都是每小时

图30 科里奥利效应使运动物体发生偏转

1 037英里（1 665公里）。在北纬40° 线上绕地球一圈的距离是1.905 7万英里（3.066 3万公里），这就意味在这一纬度上的点运行距离短，速度也较慢，每小时约794英里（1 277公里）。

现在假设你打算从位于纽约正南方的赤道地区起飞飞往纽约。如果你一直向正北方向飞行的话，你绝对到不了纽约（不考虑风向问题）。为什么？因为当你还在地面时，你已经以每小时1 037英里（1 688公里）的速度向东前进了。而当你向北飞行时，你的起飞地点也还在继续向东运行，只不过是速度较慢。从赤道到北纬40° 的这段距离你大约需要飞行6个小时。在这段时间里，你已相对于起飞地点向东前进了6 000英里（9 654公里），而纽约则向东前进了4 700英里（7 562公里）。因此，如果你向正北方向直飞的话，你肯定不会降落在纽约，而是在纽约以东（6 000 − 4 700 =）1 300英里（2 092公里）左右的大西洋上降落，大概位于格陵兰岛的正南方向。

科里奥利效应的大小与物体飞行速度和所处纬度的正弦函数成正比。速度为每小时100英里（160公里）的物体受科里奥利效应影响的结果要比速度为每小时10英里（16公里）的物体大10倍。赤道地区的正弦函数是$\sin 0° = 0$，而极地地区是$\sin 90° = 1$，因此科里奥利效应在极地地区的影响最显著，而在赤道地区则消失。

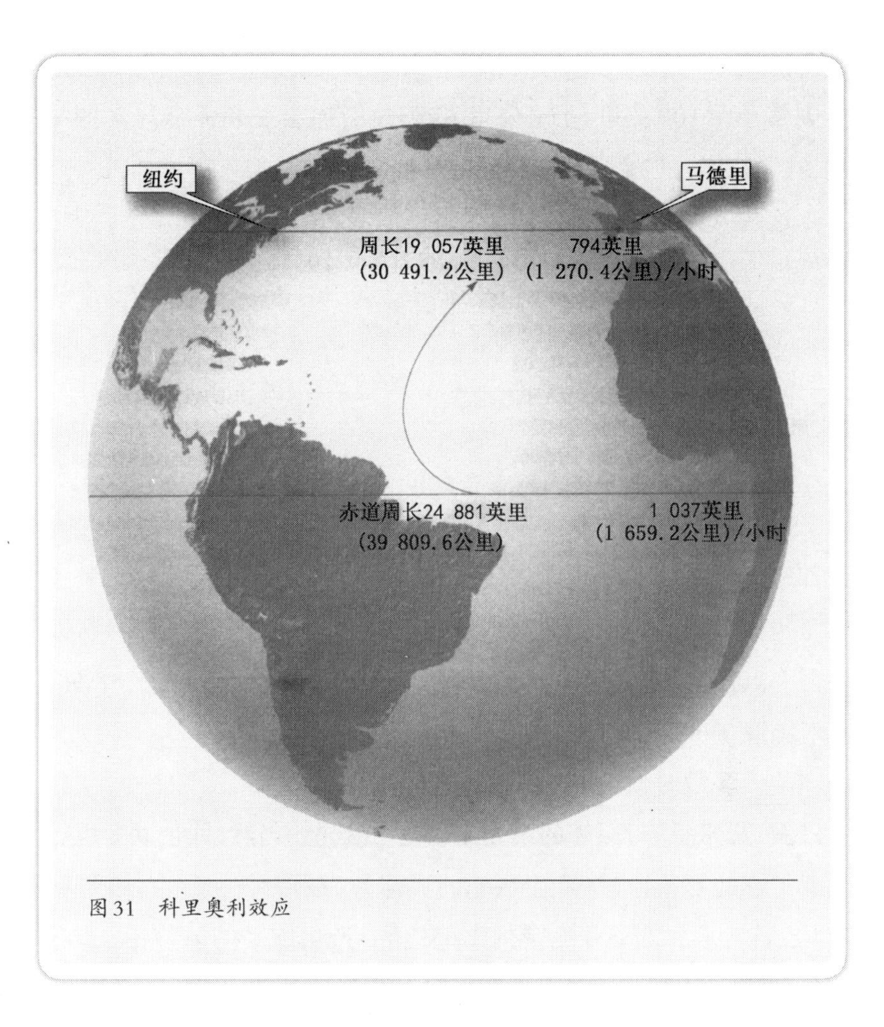

图31　科里奥利效应

极地大陆冷气团不时地穿越得克萨斯州，向南推进到墨西哥湾和佛罗里达，产生雪暴。来自北部的冷气团与来自墨西哥湾的暖气团相遇，冷气团插入暖气团下方，暖气团上升和水蒸气凝结。形成的雨在穿越下层冷空气时变成雪，在中西部产生了风暴和雪暴。

在西海岸，湿润的太平洋气团产生的风暴，到达海岸时也会产生雪暴。冷气团穿越落基山脉时呈漏斗状流过山口和峡谷，风速能达到每小时100英里（160公里）。阿拉斯加会受到强烈风暴的影响，这是由来自白令海向东移动的冷气团引起的。

这些风暴不仅仅带来雪暴，而且把巨大的海冰抛到岸上，破坏建筑物。

欧洲雪暴

西欧遭受的天气系统受大西洋的影响。冬季有许多低压区，在北部地区伴有强风和雪；在深远的内陆区，十分干燥，甚至西伯利亚雪量也很少。冬季相对湿度一般高于85%，但因为空气很冷，所以只需一点点水蒸气就能让大气饱和。–6℉（–21℃）的大气88%的相对湿度与60℉（15℃）的大气69%的相对湿度相等。

绝大多数时候，西伯利亚冬季令人愉悦。尽管天气寒冷，但碧空澄澈，异常平静，明媚的阳光足以使雪融化。当然，西伯利亚也有雪暴。在北部苔原带，产生雪暴的风称为“*拨格风*”。往南，在针叶林（也称为泰加群落）地带的南部边界，产生雪暴的风称为“*布冷风*”。当极地大陆气团进入低压区时，从东北方向吹来*布冷风*和*拨格风*挟带着降雪，风雪弥漫，很快达到飓风风力（大于121公里/小时，75英里/小时），极为危险，令人可惧。

弗拉基米尔·米凯洛维奇·马克西姆·津济诺夫（1899—1953）这位俄国革命家被三次流放到西伯利亚，但两次得以逃跑。第二次逃跑时他假扮成金矿矿主，乘北美驯鹿拉的雪橇行程100英里（1 600公里），到鄂霍次克港（参见图32）。之后他又乘坐一艘纵帆船去日本，最后返回欧洲——之后返回圣彼得堡，但不幸被第三次逮捕，被流放到一个他没能逃脱的边远地区（他利用5年刑期对这个地区的人做了描述和记载。）

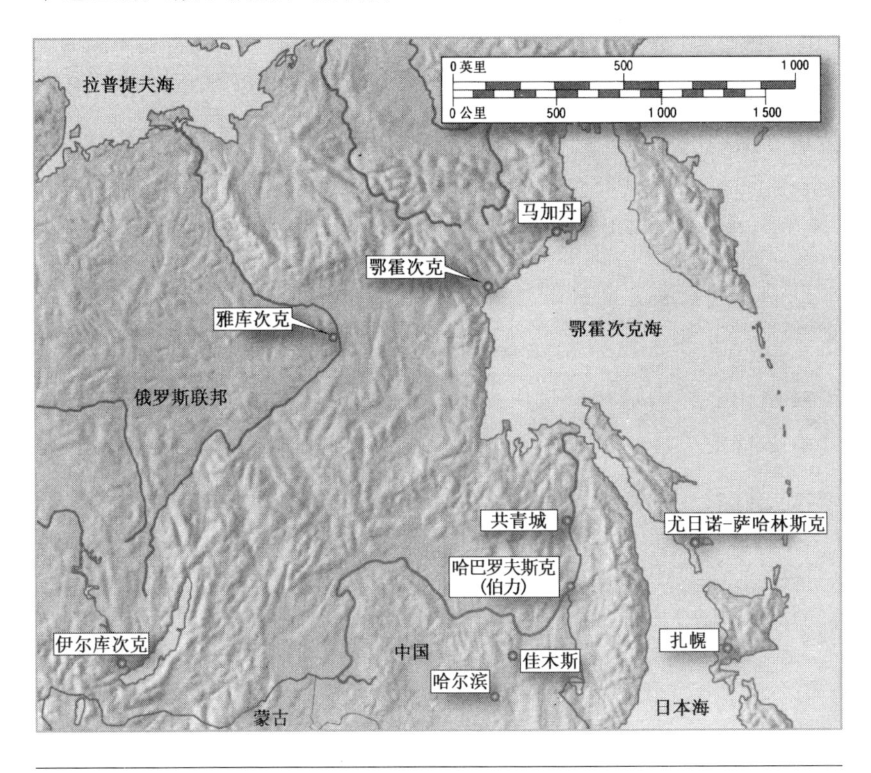

图32　雅库次克、鄂霍次克、西伯利亚：津济诺夫的旅程

1907年12月31日在北部荒原带的一次长途跋涉中，津济诺夫遭遇了*拔格风*。他讲到，这次风暴从中午的微风开始发起，下午1点钟开始降雪。降雪很稠密，他根本就看不清拉雪橇的驯鹿鹿角，只能看见它们的臀部。当风力达到飓风时，雪劈劈啪啪地打在雪橇上，

声音特大。风向也不时地改变，一会儿直扑他的脸，一会儿从其背后袭击，一会儿从左侧，一会儿从右侧侵袭。如果那时他要是踉跄而倒，数分钟就会被埋到雪下。

雪暴在某些地区更为常见，无论你生活在哪儿，都要时刻提防它的侵袭。在有降雪和强风吹拂的任何地方，都可能产生雪暴，甚至在热带的山区也如此。英国气候温暖，但每年都有一些山中漫步者在苏格兰的雪暴中迷失方向而失踪，有时救援人员不能及时赶到，就会有人命丧黄泉。

人们对可能产生雪暴的地区做好了充分准备，知道如何去预防和抵御它的侵袭。而在那些认为不太可能发生雪暴的地区则损失惨重。1973年2月的一场雪暴切断了高速公路，干扰通信，引起了佐治亚州和卡罗来纳州的极度混乱，这些都是人们对此无先见之明和缺乏经验造成的。必须记住一点，没有任何地方敢说它与雪暴完全绝缘。明智一些做好充分准备，随时应战吧！

十一 大风及其发生原因

严重降雪时，任何速度大于每小时35英里（56公里）的风都会把暴风雪变成雪暴，即使万里无云，大风也会将粉末状的轻盈新雪从地面上卷起。雪一旦升空，就会被风驱赶，形成雪暴。

每小时32—38英里（51—61公里）的风专业术语称为疾风（7级风）。与之相比风力较强的风称为强风（8级风）、烈风（9级风）、狂风（10级风）、暴风（11级）。风速超过每小时75英里（121公里）时的风被称为*飓风*。现在我们划分风力的标准，依据还是大约200年前一位英国海军军官所创立的方法（参见补充信息栏：风力和海军上将蒲福）。他给每一类风起了名字，并用风级（从0级到12级）进行标号。在他所订立的级别中，疾风的风力为7级。

补充信息栏　风力和海军上将蒲福

1806年，英国皇家海军发布了舰长能通过观察风效应而估计风力的风级。早期版本（修改过几次）对风速没有真正提及，而是用军舰以全帆向前行驶时的速度来下定义。例如，在微风中，用全帆在平静的水面上行驶，其航速为3—4节（每小时3.45—4.6英里，5.5—7.4公里）。1926年，风速得到大家一致同意认可，1939年，出现了风级。

蒲福风级最大优点是简单。一旦记在脑海中，人们就可以通过观察风的效应来对风速进行比较精确的估计。

风级是弗兰西斯·蒲福（1774—1857），后为海军上将弗兰西斯·蒲福爵士测定、设计的。1874年于布鲁塞尔召开的国际气象会议上，蒲福风级被采用。蒲福风级把风力分为13个等级（1955年美国气象局的气象学家们又增加了5个风力来描述飓风）。

最初计量风速的单位是"节"，现在也为船只和飞机沿用。这里谈到的风级，可以转换成英里/小时（1节＝1.85公里/小时＝1海里/小时＝1.15英里/小时）。

风力等级	名　称	风速：公里/小时	陆上地物征象
0	无　风	1（1.6）	静烟直上。

续 表

风力等级	名称	风速：公里/小时	陆上地物征象
1	软风	1—3（1.6—4.8）	风向标，风向旗不动，但升起的烟飘移，能指明风向。
2	轻风	4—7（6.4—11.3）	飘烟指明风向。
3	微风	8—12（12.9—19.3）	沙沙作响的小树枝摇动不息，由薄而轻的材料做成的旗展开轻拂。
4	和风	13—18（20.9—29.0）	能吹起落叶、纸张。
5	清劲风	19—24（30.6—38.6）	长满叶子的小树在风中摇摆。
6	强风	28—31（40.2—49.9）	撑伞困难。
7	疾风	32—38（51.5—61.1）	风对迎面而来的行人施加很大的力，迎风步行感觉不便。
8	大风	39—46（62.7—74.0）	小树枝被刮断。
9	烈风	47—54（75.6—86.9）	烟囱被刮下来，石板、瓦片被掀起从屋顶掉落。
10	狂风	55—63（88.5—101.4）	大树刮断或连根拔起。
11	暴风	64—75（103.0—120.7）	树连根拔起，并被吹走；翻车。
12	飓风	75（120.7）	四处被毁，满目疮痍，建筑物倒塌，许多树连根拔起。

蒲福对风进行了详细的描述，但他所订立的风级标准并没有解释风力为何不同，为什么会出现风。现在我们知道这当然是由气压造成的。

托里拆利如何测量空气重量，发明气压计

在大风中站立，你能感受到风的压力，它使劲推你。能推人的东西一定是物质，物质必有重力。

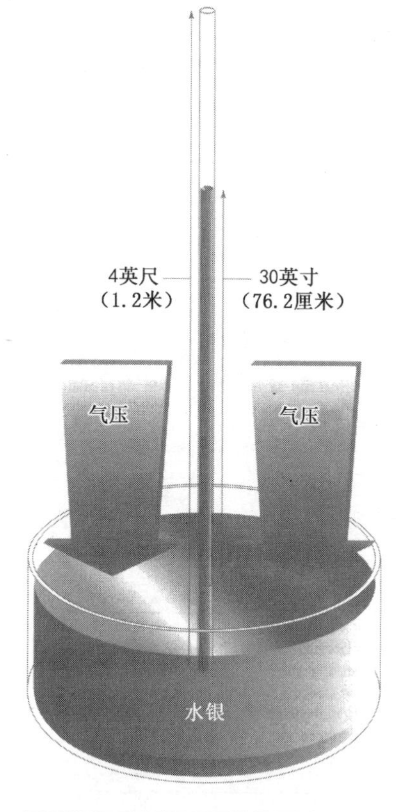

图33　托里拆利气压计

但过去人们对此看法并不像今天这样明了。过去人们还是在寻找与此毫不相关的问题答案时才发现了有关证据。17世纪早期人们还不能理解为什么真空泵把水提高到33英尺（10米）就不能再往上提了。即使利用当时马力最大的发动机，也没有任何一个真空泵能把水提高超过这个高度。

那时人们相信自然中没有真空存在。一端已没入汽缸水里的紧压活塞被向上拉动时，活塞的下方出现真空，自然不会让真空存在，水不得不抬高真空泵体，阻止真空出现。但问题出现了：如果真是这样，为什么水不一直上升且不停止呢？

伽利略（1564—1642）也对这个谜团困惑不已。他把这个问题在他去世几个月前，于1642年留给其助手和秘书托里拆利（1608—1647）。

托里拆利想法不同，他认为这一切与真空、自然对真空的关系毫不相干，而与大气的重力有关。这样一来，整个大气层的重力会对与之接触的任何表面产生压力，且压力相同。他认为真空泵中的情况是这样的，上升的活塞上部没有空气，结果大气的重力不能朝真空泵底部的水用力下压，但它要朝泵周围的水面用力，压力会使水沿泵方向升高。水只能升到一定高度，因为大气重力施加的压力还不能大得将水升得更高。

他需要试验证明自己的想法。在他发明的一个试验中，使用玻璃试管，一端封闭，还有一澡盆液体。他向试管中注入液体，一直到顶端，然后把试管没入澡盆里。他又垂直地把试管抬起，密封一端在上部，开口的一端在液体表面下部。如果他的理论正确，试管中的液体高度就要下降到澡盆液体表面所受压力能承载的高度。

他做了此实验，但从实际角度考虑，决定不用水。因为这需要一个长达33英尺（10米）的试管，这太沉了，而且充满水后很难进行操作，所以他使用了水银。水银的密度比水大得多，所以空气重力不能将之抬得过高，实验容器不必过大：试管仅4英尺（1.2米）就足够了，用不着设计一个33英尺（10米）长的巨大试管。图33展示了这个试验的原理。

试验相当成功。托里拆利发现管中的水银高度降到澡盆中水银面高度以上大约30英寸（762毫米）。这个试验没有活塞与泵。水银柱的高度是试管外的气压支撑形成的，所以大气确实有重力，不可能有别的原因。

托里拆利把试验用具暂放在那儿，可意想不到的事情又发生了：连续数天他都观察到试管中水银柱的高度不断发生变化，有时高一点儿，有时低一点儿。怎么回事？他得出论断：大气重力是不断变化的，这是唯一的原因。有时，重力大一些，水银柱上升；有时重力小一些，水银柱就会下降。这些试验器具确实正在对周围大气压力进行记录，由此托里拆利发明了气压计。

为什么气压会有差异

不妨想象一下地面上有个圆，圆上方有一柱空气，高度一直到大气层的顶端。这柱空气的重力对圆内的地表产生压力，这个重力对地表施加的压力便是气压。

现在再设想一下有两个同样大小的圆，但一个处于气候温暖区域，一个处于气候寒冷区域。与地表接触会使空气温暖，所以一柱空气温暖，一柱空气寒冷。分子吸热时，能量使它们运动加速，彼此距离加大，这意味着暖空气比冷空气包含的分子少。如果分子数目减少，意味着重力减少，因为是分子构成了物质。这样一来，它对地表施加的压力就要减弱，一个圆的气压就比另一个圆中的气压要低。实际上，气压的区域差异产生了天气。

给气球充气，里面的气压会使橡皮拉伸扩大。一旦膨胀，气球内部气压就要大于外部气压。给气球放气或使它爆裂，空气就会从里面的高压区释放到外面低压区。

空气从高压区流向低压区，流动时所用的力同高低压之间的差异成比例。可以把这种差异当成一个斜坡或梯度，空气沿此坡向下流动，这就是*气压梯度*。如果高低压差异悬殊，并且高低压中心地带相距甚近，压力梯度就会很陡。如果高低压间差异不大，且相距很远，压力梯度会很平缓。移动空气的力称作*气压梯度力*，或PGF。

气球里的空气，当然受到气球的限制。没有气球，当然就不会有气压差了。你这时可能在想，大气中没有气球，怎么会出现气压差呢？你会一直认为压力梯度形成之前，空气流动畅通，气压相同。在这种情况下，不可能形成风。

空气运动不成直线

因为空气流动不成直线，所以形成了气压梯度。空气从高压中心向低压中心流动时不成直线，而是沿环形轨迹，与气压梯度成直角运行。1853年荷兰气象学家克里斯托夫·白·贝罗发现在北半球，风以逆时针方向环绕低压中心流动，以顺时针方向环绕高压中心运动，这就是著名的白·贝罗定律（参见补充信息栏：克里斯托夫·白·贝罗及其定律），这个定律是气压梯度力（PGF）和科里奥利效应（参见补充信息栏：科里奥利效应）共同作用的结果。

补充信息栏　克里斯托夫·白·贝罗及其定律

1857年，荷兰气象学家克里斯托夫·白·贝罗（1817—1890）发表了他关于大气压力与风之间关系的观测报告。他的结论是：在北半球，风以逆时针方向环绕低压区运动，以顺时针方向环绕高压区运动，而在南半球方向则相反。

可是，白·贝罗并不知道，就在几个月之前，美国气象学家威廉·费雷尔应用物理学定律研究移动的空气，通过计算已经得出同样的结论。白·贝罗知道后，当即承认这个新发现应该属于费雷尔。尽管如此，人们现在仍然称其为白·贝罗定律。根据这个定律，在北半球，如果你背风而立，低压区在你的左侧，高压区在你的右侧；在南半球，当你背对着风时，低压区在你的右侧，高压区在你的左侧（该定律不适用于赤道附近地区）。如图所示。

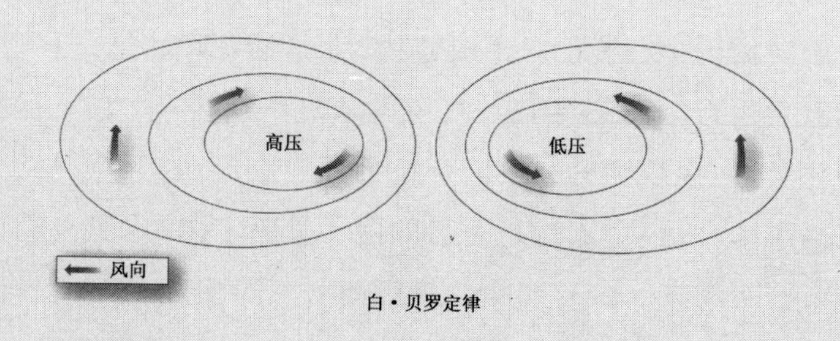

图34　风向

这个定律是*气压梯度力*（PGF）和*科里奥利效应*（其缩写形式为**CorF**，有时人们也叫它科里奥利力，但因不涉及任何力，所以这样的叫法实际上是错误的）共同作用的结果。空气从高压区向低压区流动，就像水往低处流一样。坡的倾斜度（坡度）决定水流的速度。同样，高压区与低压区之间的压力差，即气压梯度，决定了空气流动的速度。重力是造成水往低处流的力，使空气跨越气压梯度流动的力叫做气压梯度力。

在空气以直角向气压梯度流动的同时，科里奥利效应与空气流动的方向成直角发生作用，使其在北半球向右偏移，在南半球向左偏移。随着空气开始向右偏移，科里奥利效应逐渐减弱，直到与气压梯度力形成合力，使空气加速运动。科里奥利效应和空气移动的速度是成正比的，所以就又开始增强，使空气继续向右偏移。这一过程将一直持续到空气的流动方向与等压线平行（垂直于气压梯度）时。至此，气压梯度力与科里奥利效应方向相反，但因为量级相等，它们保持平衡。

如果气压梯度力较强，气流便会向左偏移并加速。这会导致科里奥利效应增强，使其再向右偏移。如果科里奥利效应较强，空气则会向右偏移得更远。于是，作用于相反方向的气压梯度力会使其运动速度减慢，削弱科里奥利效应，使得空气再偏回到左边。最终的结果就是使空气与等压线

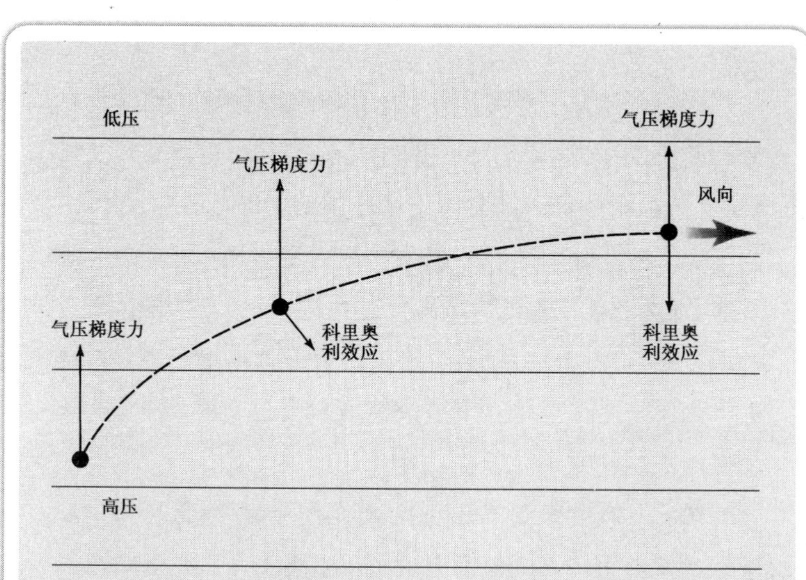

图35　地转风

（气压梯度）平行移动，而不是跨越等压线。如图所示。

在接近地面处，与地表和物体的摩擦力使空气运动速度减慢，这就降低了科里奥利效应的量级（它与风速成比例）。于是，原有的平衡被破坏，气压梯度力增强，空气不再平行于等压线，而是与之形成角度。陆地表面高低不平，产生的摩擦力是最大的，风通常以45°角跨越等压线，而在海洋上的角度则是30°。地表以上的风的流动与等压线大致平行，叫做*地转风*。

风是由受气压梯度控制的大气运动形成的，而运动的大气与气压梯度几乎成直角。风力取决于气压梯度的坡度。观察一下气象图上的等压线，你就会豁然开朗。等压线彼此距离越近，坡度越大，风越大。等压线与普通地图上的等高线相似。等高线密集说明坡度很大，等压线也如此。对风力做真正的计算较复杂，这还要取决于移动的空气密度如何，而密度又取决于气温，而把所有因素联系起来需要高等数学知识。同样，如果气象云图上等压线非常紧凑说明有大风。

观察冬季气象云图，当地表气温接近零度时，在天气预报中你要尤为注意降水。如果在气象图上可以看到锋面（参见补充信息栏：锋面），这说明很可能有降水、降雪出现（但有时因为锋面很弱，无降水）。

如果风力大于7级，严重降雪就会变成雪暴。即使天气预报中没有降雪，但密集的等压线也可能意味着最近刚刚降落的雪会被风吹起。无论哪种情况，总是有一个结果：雪暴要发生。

十二

冰雹、雨夹雪、雪

雪由水冻结而成，但并非云层降水都形成雪。冰可以以“雹”的形式降落，表面结霜，有时我们感到“雪”这个字有点儿含混不清的味道，确实雪有几种类型（参见“雪花和雪的类型”）。

云层降水形式究竟是雾、雨、蒙蒙细雨、雨夹雪、雪还是冰雹，一部分取决于云层内部，一部分取决于降水离开云层后会遭遇什么。

不是所有的云层降水都落在了地面。一年四季中的任何一天都有降雨的可能。阵雨从白色或灰色的积云降落。观察一下远处的云，你可能会注意到这些云的下方有一灰色云层，雾蒙蒙一片，而其下是晴朗的天空。这一层同远处飘落的阵雨很相似，但不同的是阵雨落地，而这薄云到半路就转而向上了。其实，从专业术语角度讲，这叫“雨幡”，大家观察到的确实正确：这是没有落地的阵雨，在雨滴落地前就被蒸发掉了。

上升的空气绝热冷却（参见补充信息栏：绝热冷

却与绝热增温)，温度越低，水蒸气含量越少。补充信息栏"为什么暖空气比冷空气富含更多水分?"对此进行了详细的解释。因此，超过一定高度后，空气就会饱和，水蒸气就会凝结成液滴，形成云(参见补充信息栏：蒸发、冷凝与云的形成)，云的类型因上升的空气中水蒸气含量的差异而有所不同。

云层下面，空气的相对湿度不会高于100%，空气水分不饱和，而云层内部，空气饱和。大家都知道两个大气层之间的分界线特别明显，这是因为大气层的底基是云，虽然飞机在云层下面时我们会观察到云比我们从地面上看要稀薄得多，但云有各种各样的类型。水从云底部降落，进入不饱和空气，开始蒸发。补充信息栏"蒸发、冷凝与云的形成"为我们解释了什么是"湿度"以及如何测量湿度。

质量、拉力与落速

下一步要看水了。水滴下落时，其重力将它向下拉，但空气却限制它向下运动。水滴在下落时速度不断增加，但当其向下的重力与空气阻力(空气阻力是向上的力，称阻力)持平时，就不再加速，保持它的落速。

不是所有水滴落速全都一致，这主要是物体的重力和其体积成一定比例造成的，但阻力作用于物体表面，体积越大，体积与物体的表面积比率就会越小。例如，一个球状水滴半径为4(单位并不重要)，其体积(体积 $= 4/3\pi r^2$)为268，表面积(表面积 $= 2\pi r^2$)为201。要想求出每立方单位体积其表面积是多少平方单位，就得用表面积除以体积（201 ÷ 268），结果是0.75。如果现在有一个半径为2的水滴，体积为33.5，表面积为50.3，其体积每立方单位表面积为1.5平方单位（50.3 ÷ 33.5）。这样，水滴越大，其表面积所对应的重力越大，加速度就越大。蒙蒙细雨给人感觉很柔和，这是因为落速慢，大约为每秒25英尺（每秒0.76米）。而大滴降水，其落速往往达到每秒30英尺（每秒4—9米）。

其实在下面这一点上，冰与水一样：虽然冰不如冷水那样稠密，但重力与阻力的比率没有差别，因为冰与水比空气稠密1 000倍，只不过两者的形状不同。

补充信息栏　蒸发、冷凝与云的形成

空气上升时绝热冷却。若空气干燥，它就会按照每上升1 000英尺，气温下降10℃（5.5℉）的*干绝热直减率降温*。在穿越高地如山或山脉时（参见图36中1），或在前锋遭遇高密度的冷气团时（参见图36中3），移动的空气被抬升。局部看，当地面温度不均匀，空气也要通过对流上升（参见图36中2）。

大气温度在*凝结高度*降低到露点。当空气上升超过凝结高度时，里面的水蒸气开始冷凝，释放潜热，空气增温。如果空气还继续上升，一旦空气相对湿度达到100%，它就会按照每上升1 000英尺，气温下降3℉（6℃/1 000米）的*湿绝热温度直减率*降温。

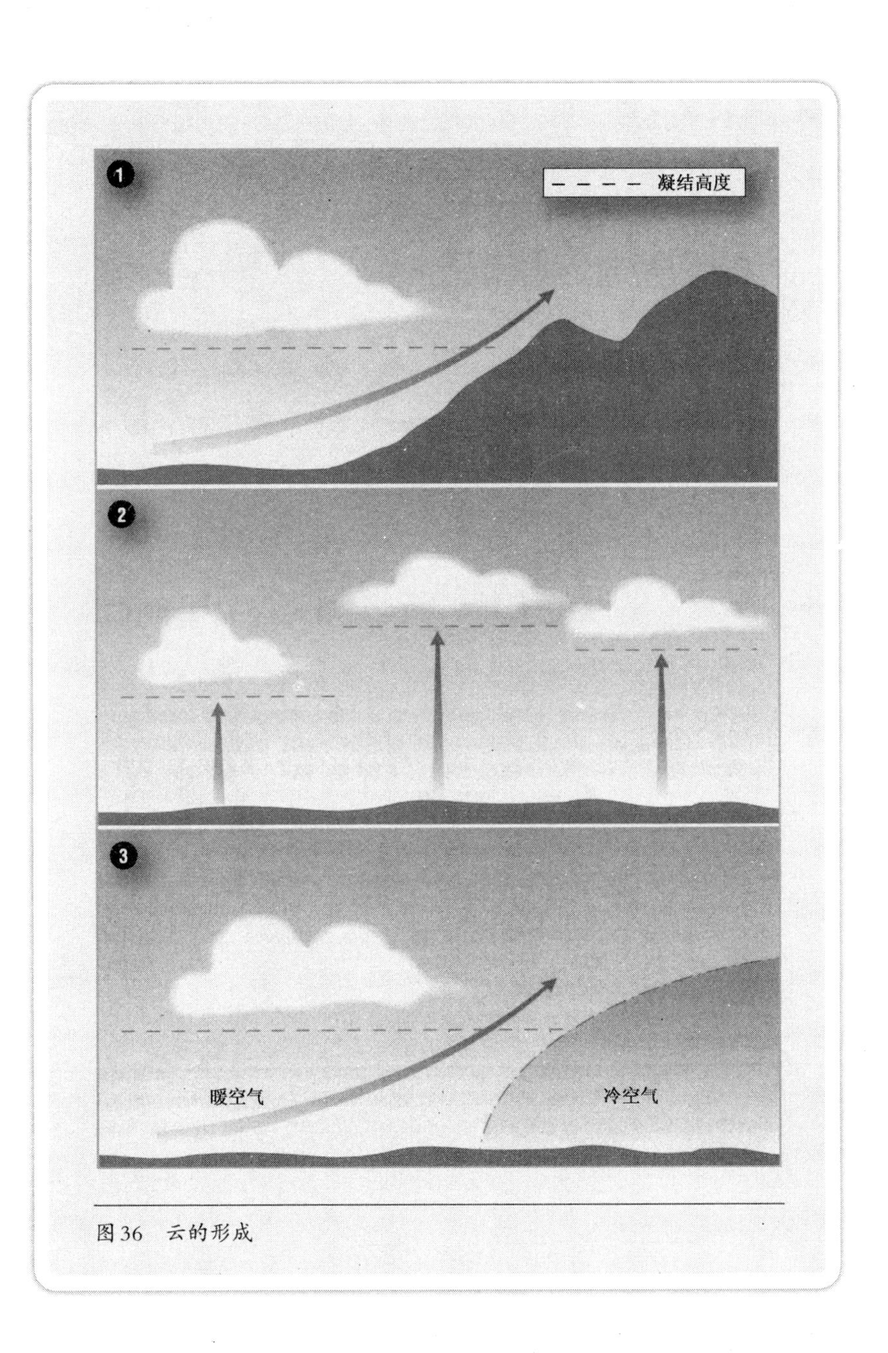

图36　云的形成

水蒸气凝结在小颗粒云*凝结核*(CCN)上。如果空气中的云凝结核由易于溶解于水中的小颗粒(*吸湿核*)组成，如盐晶和硫酸盐，水蒸气的凝结湿度就会较低，为78%。如果空气中含有不能溶解的物质如灰尘，水蒸气的相对凝结湿度就要高达100%。如没有云凝结核，虽然云中相对湿度很少超过101%，但这时就要如此，空气就会过饱和。

云凝结核直径从0.001—10 μm大小不等，但只有空气处于极度饱和状态时，水才在最微小的颗粒上凝结。最大颗粒过沉，不能长期悬浮在空气中。当云凝结核直径平均为0.2 μm(1＝1/1 000 000米＝0.000 04英尺)时，水凝结效率最高。

起初，水滴因凝结核大小不等也有所不同。之后，水滴开始变大，但也会因为蒸发丧失水分，因为冷凝会释放潜热，而潜热会使空气升温。有一些冻结成了雪花，降落到云层较低且温暖的地区时，就会融化。当然，还有一些大水滴互相碰撞，融合成一颗颗小水滴。

补充信息栏　湿度

空气中水蒸气含量因气温不同而有所不同，暖空气比冷空气水蒸气含量大。空气中水蒸气的含量称为大气*湿度*，有几种测量方法。

*绝对湿度*指一个特定体积容量空气中水蒸气的质量，测量单位为克/立方米（克/立方米＝0.046盎司/平方码）。气温与压力的变化使空气体积改变，这样一来，不必对大气温度进行增减，就会使一定体积的空气水蒸气含量发生变化。因此，我们说绝对湿度没考虑到这一点，没有太大的实用价值，人们也很少使用。

*混合比*更为有用，测量的是单位体积的干燥空气中水的含量（这里的干燥大气指不含水蒸气的大气）。

*比湿*同混合比类似，但它测量的是单位体积的大气，包括湿气在内的水蒸气含量，两者的单位均为克/立方米。正因为水蒸气含量少，几乎不能超过大气总质量的7%，所以混合比与比湿数值几乎相同。

大家最熟悉的术语莫过于*相对湿度*了，从天气预报中我们经常听到有关预报，也可以从湿度计上读出数值，并参照有关的数据表。相对湿度（RH）指大气中水蒸气的含量，而这里的水蒸气含量指的却是这一温度下使空气饱和的水蒸气含量，空气饱和时相对湿度当然为100%（常省略百分号）。

为什么水滴是球形的

液体水总是形成球形水滴，这是表面张力引起的。如图37所示，水分子相互吸引，一个水分子中氢的正电核与邻近水分子中氧的负电核相互吸引。液体中每个分子所受的引力是全方位的，但这些引力对分子的作用是平衡的，所以分子可以向四面八方任何方向自由移动。但是液体表面的分子没有来自上方的液体分子引力，只有侧面和下面的引力。这样一来，力不平衡，所以分子紧紧地被侧面和下面分子的引力所控制。这种张力很大，水的表面犹如人的皮肤一样，可以承受微小固态物体的重力，例如纸片可以在水面上漂浮，一些昆虫可以在上面穿梭行走。

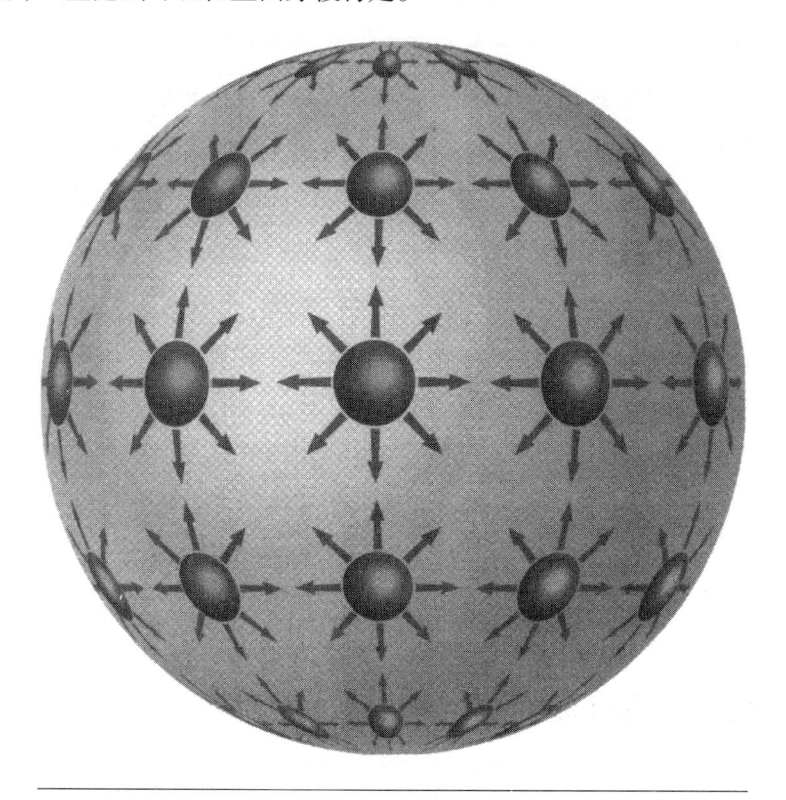

图 37　表面张力

只有液体才具有表面张力，冰是固态的，但其形状在形成时已固定下来了，它可能像冰雹一样接近球状，也可能像雪花一样成为微妙的六角形。

如果水只与空气接触，张力就会使之成为球形。球形与其他形状相比，表面积要小一些。例如，一个立方体表面积为24平方英寸（155平方厘米），体积为8立方英寸（131立方厘米），但对于一个占相同体积的球体来说，其表面面积仅为19.35平方英寸（125平方厘米）。现在，我们就可以作出总结：容纳液体最有效的形状是球体，因为保持这个容积需要的能量值最少。如果让液体自己选择形状，看来非最为经济的球体莫属了。

为什么降落时有快有慢

一个下落物体表面积增加，其阻力也要增加，如图37所示。表面积增加，其重力和加速度要减少。也就是说，一个球形雹块与相同重量的水滴落速相同，但与球体冰相比，其他任何形状的冰落速要慢得多了。

这会产生两个结果：一则雪花缓缓地飘落，落速大约为1—2英尺/秒（0.3—0.6米/秒）。二则下雹子，一旦雹块比平均雨滴大，其落速加快，大概为25英尺/秒（7.6米/秒），或再快一些，直径为1英寸（2.5厘米）的雹块，其落速能达到65英尺/秒（20米/秒）。一旦击到行人，就会使人受伤，并且毁坏农田和建筑物。

大雨点落速比小雨点快，但这不是指最小的雨点，因为它们的重力太小，其运动完全受制于周围的空气。所以这些云滴一直保留在云的内部，只有与周围的雨滴发生碰撞，与之结合成大雨滴时，才能降落。

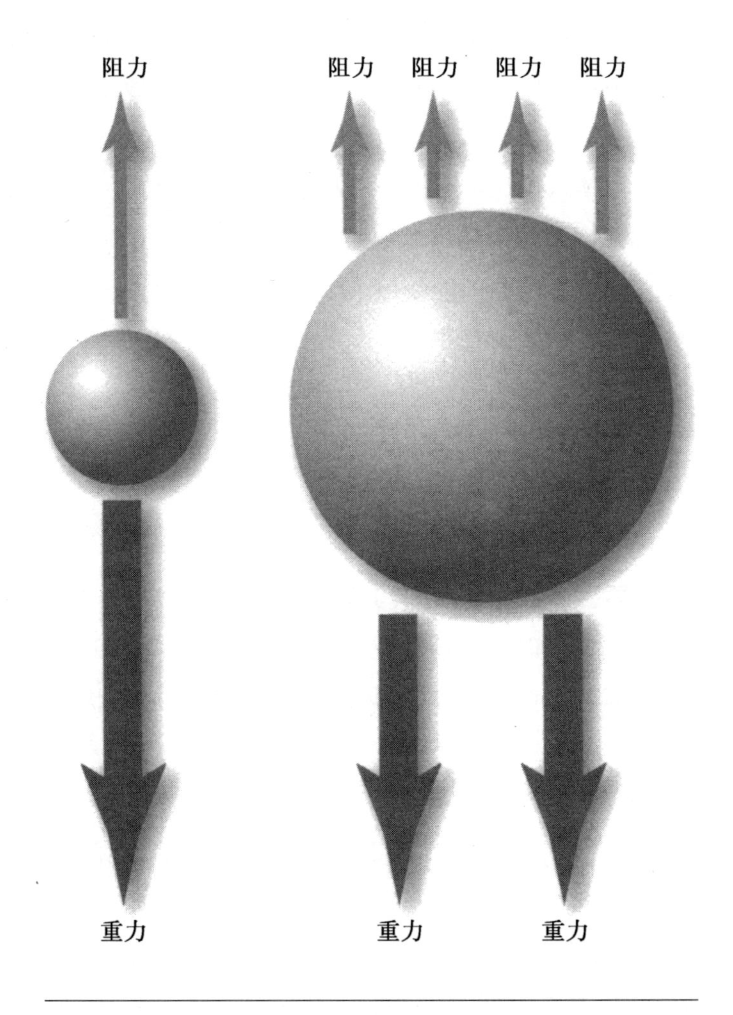

图38　阻力和重力
小雨滴：重力小，阻力小；大雨滴：重力大，阻力大。

一旦离开云层，水滴进入不饱和空气，开始蒸发，变得越来越小，体积与表面积比率有所改变，落速减慢。落速越慢，它在空气中停留的时间越长，蒸发得越多。蒸发率对某种形状的水滴在蒸发前能下落多远的距离有所限制。如果水滴从1 000英尺（300米）的高空降落到地面上，水滴离开云层时其半径不能小于100 μm（约0.004英寸），并且云层下面的空气必须接近饱和，这么大的水滴从云中降落形成了蒙蒙细雨。

云滴直径仅为20 μm（0.000 8英寸），是蒙蒙细雨中雨滴的1/10。一些云滴的确从云层降落，但只下降了1—2英寸（25—50毫米）就蒸发了。当我们近距离观察时，发现云的底层缥缈，但当我们远距离观察时，云的底层就非常扎眼，这无非是云滴蒸发形成的。

冰雹、雨夹雪还是雪

如果大气层温度为零下，冰晶会在云层内部形成。云层上部为零下，而下部为零上时，经常也会形成冰晶。冰在云层上部形成，但当降落时会融化，降水形式为雨。即使云层中的降水是以冰晶的形式出现的，但如果它们在温度为零上的大气中降落很长时间也会融化。所以，雪的形成要求云层下面1 000英尺（300米）大气层的温度不能高于冰点。

如果云层底部的气温接近零点，降水的形式是冰冷的水滴。如果云层下面大气的温度为零上，这些水滴形式不发生变化，但如果下面大气温度为零下，一些水滴就会结冰，成为小块冰晶，与蒙蒙细雨的雨滴大小差不多。这些冰晶不会附着在物体表面，当它们与坚硬物体相撞时会反弹出来。在北美人们称作*雨淞*，在英国“雨淞”指雨、雪的混合物“雨夹雪”。

大片雪花需要整个云层温度必须低于零下，冰晶结合形成时不能融化，并且云层温度处于32℉（0℃）—23℉（–5℃）之间时，雪花处于最佳形成状态。之后，它们经由低于零点以下的大气层降落，这里的气温比云层气温稍高一点儿。

雪花的大小很大程度上是由空气运动决定的。如果空气运动猛烈，雪花在变大之前就已变成粉碎状。但在平静的大气中，雪花直径达1英寸（25毫米）或更大，这些便是降落于地表的雪花。如果你信步于雪中，用不了多久，大衣、帽子上就会盖上一层厚厚的雪，这种雪的形状使之紧贴于降落物上（参见“雪花和雪的类型”）。

雪降落时可能呈小颗粒状，这些洁白、大体为球形或圆锥体状的小颗粒，绝大多数长为1/10英寸（2.5毫米），一些会更小。白色，是因为冰晶一个个松散地结合到一起，中间有空隙。这些冰晶也确实像小片的、破碎了的雪花一样。这种结构使雪花显得质地柔软，虽然很小，徐徐降落，但落到坚硬表面上时，也破碎成小片，这些小颗粒称作*软雹*或*霰*（德语“雨夹雪”的说法）。软雹是在含少量液体水的云层中形成的，水蒸气在冰表面沉积下来。降落时，它们会穿越0℃以上、含水量丰富的大气层，这样一来，水就会在上面凝结为一层薄冰。如果雨滴冻结，雪花融化，之后再重新冻结，这些冰粒就会降落。

冰雹

冰雹与雪不同，它形成于穿越地表的风暴中，而风暴是由一定高度的强风造成的。

雹块开始时是雨滴。一般讲，雨滴因重力从云层降落，但实际上被强烈的上升气流挟带，四处飘移。在云层的上部，水要结冰，雨点成为小冰球。这样一来，一定高度的狂风把它吹向前方，之后开始降落。下降时，它会遭遇低于0℃的水滴，当这些过冷的水滴与雹块接触时，立即结冰，形成白霜。继续降落时，雹块经过水分较高的云层，但云层当中还存在着过冷的水滴，它们一经接触也要结冰，形成一层薄冰。这时，前行的风暴就与降落的雹块相遇，雹块被挟带四处飘移。这种情况不断出现：雹块经过云层时，外面会有薄冰形成，之后又被上升的气流带回云层上部。如果你把薄块分成两块，观察一下它的层理结构，会发现其犹如一根圆葱，每一层洁白透明，由白霜构成的每组层理结构外包一层薄冰。当雹块摔在地面时，并不粉碎，而是反弹回来，可以说这是外层的薄冰让雹块如此的。雹块的大小取决于其堆积循环、进入云层上部、降落、取得一组层理的次数。大多数雹块很小，一般不超过1/4英寸（6毫米），但猛烈、巨大的云团里，雹块会大一些。

水蒸气能直接成冰，反之亦然，都没有经过液体阶段。水蒸气变成冰叫*凝华*，而冰变成水蒸气叫*升华*，大家一定都观察过这两种现象。白霜是凝华而成的；而即使气温为零下，雪却越来越少或消失，这是冰晶升华到干燥的空气中才形成的。

如果大气层温度低，并有冻结核，即使万里无云，也会有冰晶降落。水蒸气并没有先凝结成水而直接变成了冰，有时形成的冰晶在阳光下熠熠发光，大家称之为*金刚石粉*。

一般情况下，液体过冷不会造成什么恶果，有时让人为之一爽，但冻雾和冻雨却让人担忧。

十三
冻雨和冻雾

空气冷却时，它控制水蒸气的能力便随之减弱，于是，它的相对湿度就随之增加（参见补充信息栏：为什么暖空气比冷空气富含更多水分）。当相对湿度达到100%的时候，空气达到了饱和。一般情况下，当空气达到饱和，水蒸气就会凝结为液体水滴状。

然而，必须得有微小颗粒的存在才可以凝结，这样，水分子才能得以依附在它们的身上（参见补充信息栏：蒸发、冷凝与云的形成）。尘、烟、盐、二氧化硫等都是使水蒸气发生凝结的物质，我们称之为*凝结核*，大部分空气都含有这样的数不清的“核”。在陆地上空，每立方英寸（18—24立方厘米）的空气中就有300—400个“凝结核”，海洋的上空由于远离尘源，4立方厘米（每立方英寸）中则只有60个“凝结核”。

在干净的空气中，水蒸气难以凝结。在这样

的状态中，空气会变得过于饱和。在实验室中，它的相对湿度会上升到300%以上，之后水滴就自动生成了。天然空气从来不能如此干净，但是，空气的饱和程度超出一个或两个百分点则是常见的。

冻结核

正像凝结核首先必须存在，水蒸气才能从过饱和空气中得以凝结一样，冰结核也必须首先存在水滴才能在低温下冷冻。冰结核的数量比凝结核的数量少得多，而且空气越冷，冰结核就越少。每立方英寸（0.004立方厘米）的空气很少能够包含0.06个以上的冰结核，在–20℉（–29℃）左右的温度下，也许每立方英寸空气会少于0.000 6个冰结核（大约在27 863立方厘米或1 700立方英寸中才有一个冰结核）。纯土壤颗粒是常见的冰结核，火山灰和植物所释放的化合物也很常见，但是，一旦冰晶开始形成，它们会促进水在它们身上结冻，微小的冰晶是最好的冰结核。

然而，即使冰结核出现，空中飘动的水滴在气温降到32℉（0℃）的时候也不会结冰。在15℉（–9℃），云团仍然还是几乎全部由水滴组成。当气温降至– 4℉（–20℃）以下，冰晶开始在数量上超过水滴。而且，只有温度降至– 4℉（–20℃）以下，云才完全由冰晶组成，但也有例外的时候。在冰结核缺乏的情况下，水滴只有在– 40℉（– 40℃）时才会结冰。

过度冷却

水温降至冰点以下我们称为*超冷现象*，而超冷云滴十分常见。大部分云团上部温度都在冰点以下，即使夏天也是如此。当水蒸气正在凝结的饱和空气中，如果地面温度是80℉（27℃），空气在1 600英尺（4 880米）的高空中会处于冰点32℉（0℃）。冬季，当地面温度是30℉（–1℃），大约3 000英尺（900米）高空会是20℉（–7℃）。即使在夏天，中纬度地区的降雨其实就是雪，它们在降落的过程中才融化为雨。

当32℉（0℃）以下，地面上的水开始结冰。冰开始出现于池塘和水坑的边缘。在此温度下，云滴仍然为液体，而且大部分会在这样的低温下保持原貌。它们仍然具有形成雨滴的能力，所以，低于冰点的水组成雨十分可能。一年中的大部分时间，云下的超冷雨滴会通过温暖的空气降落，在降到地面上时，温度会在冰点以上。所以雨滴落在脸上和手上时，我们会觉得冰凉。

接触产生冻雨

冬天，超冷的雨水会引起麻烦。云下的气温通常高于云中的气温。然而，在冬天，它也许只比结冰温度低一二摄氏度。超冷雨滴在降落时变暖，但并不会高于结冰的温度。当到达地面时，它们作为*冻雨*，即低于冰点的雨而降落。

任何固体都会作为冰结核发挥作用，因为水滴和雨在同它们接触时会结冰。结冰几乎是瞬间的事情,然而只有水直接同固体表面发生接触时才会发生。当一滴雨水碰撞到固体上,水滴的第一部分结冰,而之后的超冷水会溅到侧面,一触及表面便马上结冰。如图39所示,每一颗水滴会扩散,并在上面结一层薄冰。结果,降雨使它所降落到的每一个物体表面覆盖上一层薄冰。冻雨把道路变成了溜冰场,这时行走和驾车十分危险。

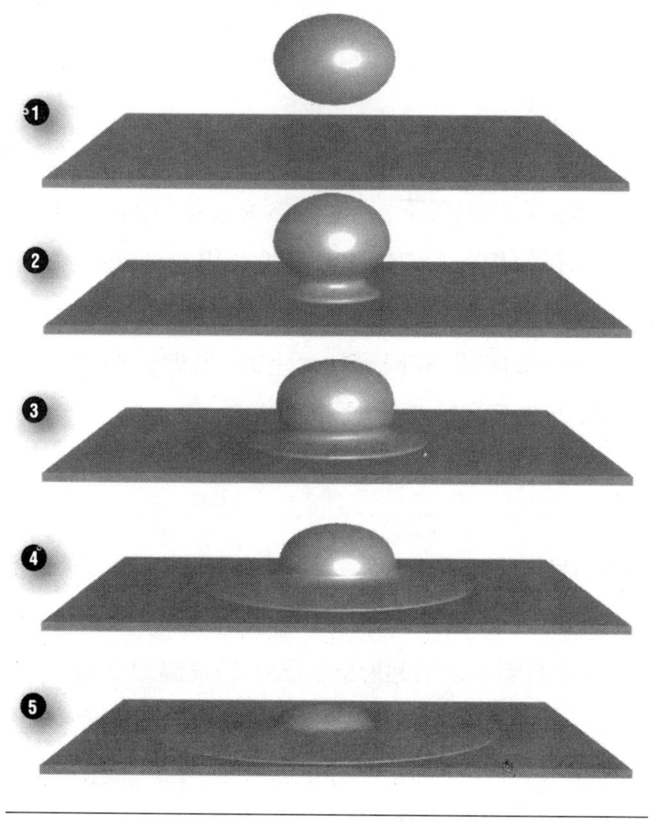

图39 冻雨

当超冷雨滴落在物体表面时,就会结冰形成一个薄冰层。

如地面温度太低，雨滴并不需要过度冷就能产生冰雨。有时，一层暖空气会压在一层冷空气的上面。例如，当冷空气在暖空气下面推动一股冷锋（参见补充信息栏：锋面）时，这种情况就会出现。正常情况下，温度随高度而降低，因此，我们称上述现象为*逆温现象*。雨水也许会从逆温层上部的暖空气组成的云团中降落下来。雨水将只比冰点高出1摄氏度或2摄氏度，但是如果下面的空气较冷，甚至比冰点低出几摄氏度，地面以及地面附近的物体将同空气保持同样的温度。降落下来的雨水会冷却，因为它们将经过逆温层下面的冷空气。它们下落时通过同物体的接触会变得更冷，并在上面结冰。然后，一层光亮的冰快速生成。

冻雨的特别之处在于它同物体表面接触而结冰。雨本身可以是任何类型，也许是雨滴大如珠玉的阵雨，或者是连绵不断的毛毛细雨。在任何情况下雨水都会通过亮晶晶的冰覆盖一切物体。冰的厚薄取决于降雨量的多少。

雾与霜

水蒸气在空气冷却时凝结。空气冷却的方式有好几种，有的会在地面上方凝结，产生雾。雾由微小的水滴组成，同它们在云中的状态一样。的确，有时雾和云并无区别。潮湿的空气会在它穿越较高的地面时上升，如果这样，绝热冷却就会在空气上升到高空之前形成云。在山上行走的人时常发现他们置身于雾中，其实那是真正的云。

温暖潮湿的空气也会在较冷的地面上漂流。我们把热能的水平运动叫作*水平对流*。空气在同下面的地面接触时变冷，空气中的水蒸气也许会凝结并形成*移流雾*。

产生雾的第三个常见原因是光的辐射，因此这种雾被称为*辐射雾*。太阳的辐射使地面在白天升温，但是在夜晚地面又将白天吸收的热量辐射出去，于是地面又迅速降温。如果地面上方的空气是清澈的，但却近于饱和，那么，地面也许会充分冷却，并在清晨的早些时候产生海拔不太高的凝结，黎明时分就会出现雾。

空气达到饱和致使水蒸气凝结的温度被称为*露点*。显然，它因空气中水蒸气含量的多少而有所变化（参见补充信息栏：湿度），空气越干燥，露点就越低。

当露点低于结冰温度，雾就会产生。在这种情况下，水蒸气不会凝结成为液体的水滴，而是要直接转化为冰晶。夜晚，物体表面辐射出去的热量会使物体温度降低到与之接触的空气的露点以下。水蒸气将结为露珠，但是假如露点低于冰点温度，并且地面充分冷却，沉积的露珠将在所有裸露的物体表面产生冰晶。早晨你会看到它们，那就是霜。这种特别的冰把花园变成了一个银装素裹的仙境，然而，要驾车出行的人却不得不在出发之前把挡风玻璃上的冰霜小心刮掉。

假如空气更加潮湿，那么露点就会高于结冰温度。当空气在下方遇冷，雾就生成。如果地面和地面上的物体大大冷于冰点，雾会在所有物体的表面结冰，这就产生了冻雾冰。困在冰晶之中的空气使它变得洁白，而且，由于它是在每个个体的微小的液体水珠结冰时形成的，结构并不规则。然而，它比白霜更厚实，也更坚固。

冻雾

如果雾由超冷水滴组成，结冰会尤其迅速，它是空气在各个阶段变冷的条件。首先，液体水滴因空气冷却至露点以下而形成。然后，它会进一步冷却，直至32℉（0℃）以下，水滴于是变得过度冷却。此刻它们会在任何温度低于冰点的物体表面瞬间结冰。

这就是所谓的“冻雾”，尽管它并不像冻雨那样的危险，但也一样会制造各种麻烦，尤其对驾驶者来说。如果车在户外停留时间较短，汽车外表的温度就会同空气温度一样。当汽车行驶，车外的空气流动会带走来自机动车内的或许能够暖和车外壳的所有热量。由于暖气开放，你在车内觉得暖和，但是车的外面是冷的。如果你驾车通过冻雾，水滴在同挡风玻璃接触的瞬间就会结冰。此时，除雾器也无能为力。只有在玻璃里面才会暖和，热能只会把车内空气中的凝结水蒸发掉。在普通的雾中，雨刷可以清除挡风玻璃上的水滴，但要是在冻雾中，它就只能在不规则的半透明的白冰层上扫来扫去。与此同时，当驾驶员竭尽全力要透过冰层看清前方道路的时候，水滴同样会在道路表面结冰。这样，道路也一样被一层薄冰覆盖。

一旦有冰雨和冻雾的预报，有关的驾驶机构和警察就会劝阻驾驶员们待在家中。不过，对于那些非去不可的行程，你就不得不在如此天气条件下去尝试一番了。

十四 水结冰和冰融化的时候会发生什么

在我们这个星球上，水是最平常的物质之一，也是最非凡的物质。因为要不是水具有一些极其奇特的属性，我们的天气将大为不同。

在发现于地球表面和低层大气的温度变化带，水以气体、液体和固体的方式存在着，时常三种形式共存于同一地区。比如一个部分结冰的池塘，冰和水泾渭分明，而空气中又包含着肉眼不能看见的水蒸气。

这是它的第一个奇特之处。和大部分物质一致的是，所借以构成的分子越小，其冰点和沸点越低。水分子很小，由一个氧原子和两个氢原子构成。根据大小判断，水分子应该在华氏 –148℉（–100℃）左右时结冰，在 –112℉（–80℃）时沸腾。如果真如此，地球上就不会到处都有液体的水和冰了。所有的水都以蒸汽的形式出现，海洋、湖泊、河流、冰川以及冰原将不复存在，降雨也成为一件不可能的事，地球将成为一块巨大的不毛之地，没有任何生命可以在此生长。

还有，大部分物质的密度在遇冷时增加，因为它们的分子挤压在一起太紧密，而且这种密度上的稳定增长将会继续，直到它们变为固体。蒸汽在遇冷时密度增加，但这种变化是轻微的，而且淡水在仍是液体的时候会达到它的最高密度。冰的密度低于液体水，这就是冰可以漂浮的原因。若非如此，湖中和池塘结的冰——我们暂且不提海洋——就会沉到水底，这给在水底定居的水中生物造成了极大的不便。更有甚者，一旦冰沉洋底，我们就难以了解照射在海面上的阳光如何深穿海水去融化它，海洋和大湖就成了被一层液态的水所覆盖的冰块。

分子结构

水的以上两点属性取决于水分子自身的结构。分子由原子组成，而水分子由两个氢原子和一个氧原子组合而成，通常写作H_2O。一个原子由含有"质子"的一个核子构成，每个质子都带有正电荷，并被一片*电子*所环绕。每个电子都带有负电荷，正如质子上带有正电荷。正负两极的电荷通常是平衡的，所以作为一个整体的原子总体上并无电核（但是如果一个原子失去或得到电子，它就有了电核，这种情况我们称为*离子化*）。

当原子结合在一起形成分子，许多元素就共享一个或多个电子。

这种连接我们称为*共价键*，就是这种连接使水分子结合在一起。一个氢原子拥有一个电子，但是氧原子却拥有供两个电子使用的空间，所以水分子中两个氢原子同一个氧原子共享它们的电子，如图40所示。

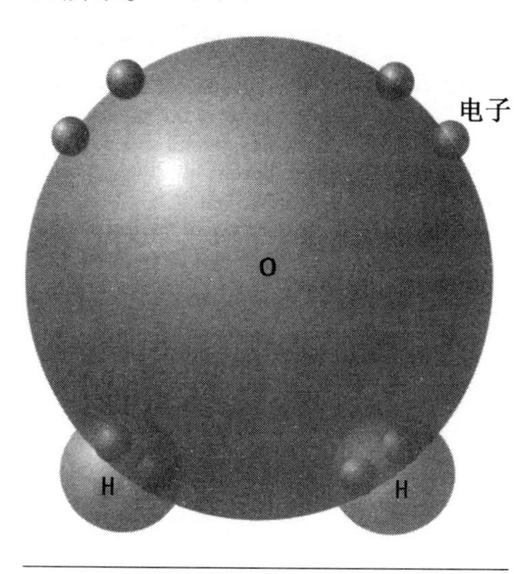

图40　水分子

同极电荷相互排斥，没有同氢原子共享的氧原子中的那些电子之间的排斥迫使两个氢原子以104.5°夹角分离，如图40“水分子”所示。这样在分子的氧原子一侧留下了一个负电荷，在氢原子一侧留下一个正电荷。因为两个电荷平衡，所以作为一个整体的分子就没有了电荷，但仍有轻微的阳性在其中一侧，轻微的阴性在另一侧。这样的分子称作*极性分子*。

极性分子靠相反电核互吸性相互吸引，以水为例，如图41所示，连接是在一个分子的氢根与另一个分子的氧根之间形成的，这就是*氢键*，这种结合力相当弱（同其他形式的化学键相比），但这是水表面张力形成的原因。表面张力使水滴形成，因为水表面的分子完全同其侧面的以及下面的分子连接在一起（参见“冰雹、雨夹雪还是雪”中的“表面张力”部分）。汞是常温下为液体并且比水有着更高表面张力的唯一物质。

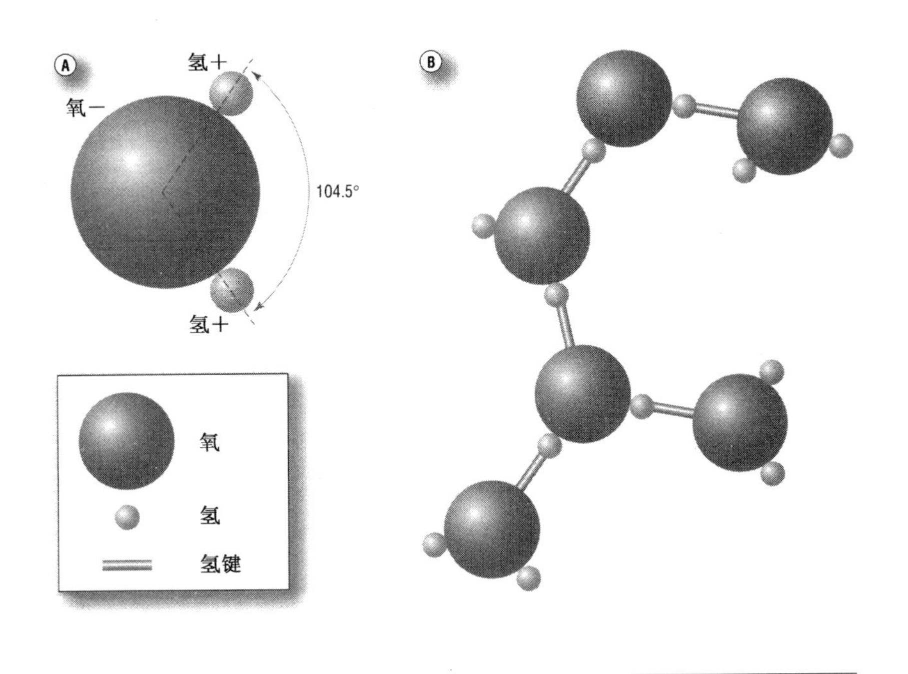

图41　水的结构

水加热时会发生什么现象

当水仍为液体时，氢键把水分子结合起来。任何物质在加热的时候都会扩张，水也是这样，但是，它比大部分的液体扩张程度要小。加热使分子吸收能量，这使它们的运动加快，这样它们就占据了更大的空间，这就是引起扩张的原因。水分子加热时也会加快震动，但是在组群里氢键就像绳子似的控制并约束着水分子的扩张。然而，当水达到足够的热度，分子震动剧烈，它们会挣脱氢键而逃脱，离开液体并且作为分散的分子进入空气中。液体水的整个表面都在靠这种方式失去分子，水越热，分子失去的就越快。

能量是打破氢键所必需的因素。当水加热，其温度上升，但是需要额外的热量用于打破氢键以及把液体转化为水蒸气。这些多余的能量不等改变温度就被分子吸收，当新键重新形成，等量的热能就被释放出来。对于在–32℉（0℃）的纯净水来说，必须得吸收600卡路里的能量才能把1克（1克＝0.035盎司）水从液体转化为气体（蒸发或气化）。它叫*潜热*，水的潜热比任何其他物质的潜热都要高（科技上的单位是焦耳（J），气化的潜热是2 501焦耳/克）。苏格兰化学家约瑟夫·布莱克是观察到这种现象的第一位科学家，尽管他不是第一个把对这种现象的记述发表的人（参见补充信息栏：潜热的发现）。

补充信息栏　潜热的发现

约瑟夫·布莱克（1728—1799）是一位苏格兰化学家和物理学家。他是一个成功的医学工作者，同时还是格拉斯哥大学的化学讲师和爱丁堡大学的医学教授。1766年，他被爱丁堡大学任命为化学教授。他一生忙忙碌碌。

本来，他在研究上的主要贡献是对化学的拓展。然而，大约在1760年，他把注意力转到了一个不同的课题：热和温度。1761年的某一天，布莱克对冰进行缓慢加热，并近距离观察它的温度。他发现冰虽然融化了，但温度却并没有变化。他因此得出结论：冰在融解时一定吸收了热量，所以水比冰包含了更多的热量，然而，被吸收的热能却并不能对温度造成影响。

这意味着一种物质所包含着的热能的量和热能的强度并非是一回事。当我们测量一种物质的温度，温度计只是记录热能的强度，却并不能够说明量的多少。这个量我们无法直接测量，布莱克称之为“潜热”——latent有“隐藏”之意。

布莱克并未就此罢休，在接下来的一年，即1762年，他对水沸腾现象进行了观察。接着，他发现水吸收了热能，温度却并不发生改变，因此，水蒸气也含有潜热。

他观察了两种相反的情形：气的凝结和水的结冰。在两种情形中他都发现潜热被释放出来。水结冰和蒸汽凝结时，四周媒介的温度则上升。

布莱克并未把他的发现加以发表。第一个正式发表这一发现的人是瑞士地质学家、气象学家和物理学家让·安德烈·德吕克（1727—1817），他于1761年独自一人发现了潜热。然而，布莱克曾经在他的课上描述过潜热，并且还私下向一个贫穷的年轻工程师詹姆斯·瓦特（1736—1819）解释过这一现象。瓦特意识到包含在水蒸气中的大量潜热的重要性，并把对这一现象的理解付诸实践之中。瓦特的蒸汽机就这么投入了生产，对英国工业革命作出了不可磨灭的贡献。

水分子吸收了潜热，水温不会上升。水所吸收的潜热是四周所供给的，但却没有热量释放回去，结果周围失去了热能。换句话来说，气化冷却了空气。当汗水从我们的皮肤中出来并冷却，可以说，我们从水的这种属性中受益匪浅。

凝结使水蒸气转化为液体，在此，水分子因氢键相互结合。这些结合夺取了水分子的一些能量，这些能量作为潜热被释放出来。这种结合代表了使水分子凝聚在一起的能量，所以它们形成时所释放的能量同它们打破结合被水分子吸收时的能量是等量的。

潜热的吸收和释放对在不稳定的空气中云的形成方式有着十分重要的影响。暖空气靠对流作用而上升，然后水蒸气凝结，凝结中潜热的释放又重新使空气变暖，从而使它上升得更高（参见补充信息栏：蒸发、冷凝与云的形成）。越来越多的水蒸气凝结，空气继续上升，直到遇到周围空气密度与之相同的层面为止。这个过程导致了堆积云的形成，如果空气不稳定或者湿度加大到一定程度，积雨云带来的风暴马上就要来临了（参见“特大暴风雪及形成原因”）。

融解、冰冻以及气体与固体之间的转换

潜热在冰融解的时候被吸收，在水结冰的时候又被释放。液体和固体两种状态中都存在氢键，尤其水结冰时，会有更多的氢键形成。最初的氢键保存下来，所发生的一切不过是：当水结冰时更多的氢键形成，当冰融化时这些氢键便解体。因为氢键数的减少，水结冰时所释放的潜热比水蒸气凝结时所释放的要少。1克水结冰能

释放80卡路里（334焦耳/克），这就是为什么当冰形成时我们感到有些暖和的原因。同样，解冻时也需要吸收等量的潜热使冰融化。

水还能不需要经过液体阶段直接在固体和气体阶段之间（如在冰与水蒸气之间）直接转换。从冰直接转为水蒸气叫做*升华*，从水蒸气向冰的直接转化叫*凝华*（有时这两种过程都叫“升华”）。

升华和凝华同样吸收和释放潜热。因为潜热的能力用于形成或打破氢键，所以在升华时所涉及的潜热量正是凝结——气化和冰冻——解冻所需要的量，这并不奇怪。每克水所涉及的能量为680卡路里（2 835焦耳/克）。

冰中的氢键把水分子变成了一个十分复杂的综合体，但也是一个有序的结构：一个水分子同另外四个相连接。如图42所示，当冰

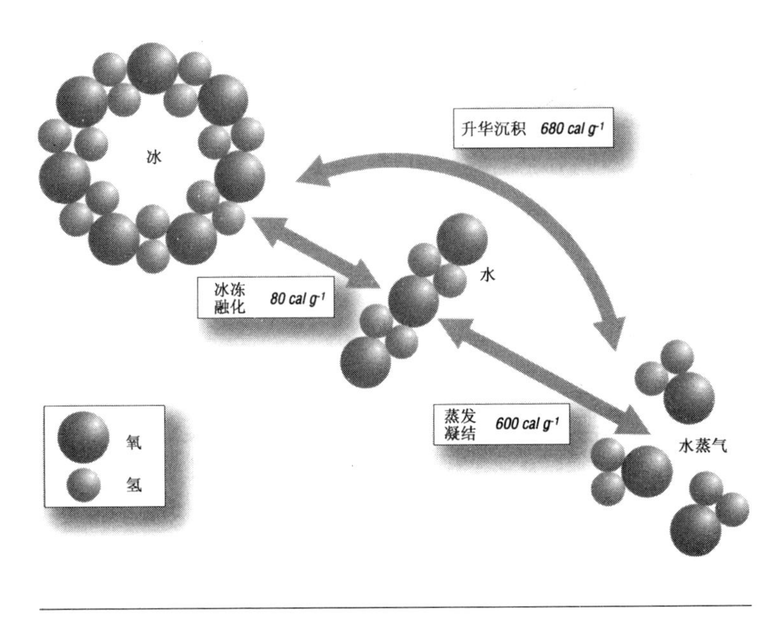

图42　水的潜热

融化的时候，一些氢键破裂，水分子再次分散进入组群中。这些小组群能彼此自由滑动，并且它们充满了冰晶结构的空间。一旦冰融化，同样数量的水分子就占据了一个较小的空间。这就是为什么水在结冰时体积膨胀而在解冻时缩小的原因，也是为什么纯净水在最高密度时的温度恰好刚刚高过冰点的原因，这个温度是4℃（39℉）。

在海平面气压下，气温为150℉（0℃）时，1立方英尺的水重量为62.2磅（0.799公斤）。气温39℉（4℃）时，1立方英尺的水重量为62.3磅（0.800公斤），1立方英尺冰在32℉（0℃）时重量为57.1磅（0.733公斤）。当气温超过32℉（0℃），冰开始融化，但不下沉，而向外漂浮。

万能溶剂

我们用水洗涤和稀释饮料，因为许多普通的物质都可在水中溶解，水是最有效的溶剂之一。一种可以溶解它所碰到的任何其他物质的物质应该是一种“万能溶剂”。世上没有这样彻底的物质，如果真是这样，它会把容器和与之相遇的任何物质全部溶解掉。然而，水是与此特征最为接近的物质。

它的溶剂属性意味着自然的水从来不是纯净的。雨水带来了它在云中以及在降落到地面的过程中所溶解的物质。即使在大洋的中心，哪怕离最近的岸边尚有几千公里，甚至离任何工厂都要更远，雨水仍然包含着从空气中溶解而来的二氧化碳和二氧化硫，也许还包含着二氧化氮：当闪电的能量氧化了大气中的氮时，二氧化氮便产生了。

因为水中的极性分子，物质才部分地在水中溶解。极性分子吸收分子上的反向电荷的区域。这些杂质的存在改变了水的一些属性，我们据此开发出将盐撒在路上以融化冰雪的方法。

盐的化学形式是氯化钠（NaCl），当1个钠原子供应出1个电子给氯原子，这种离子结构就形成了。这使钠原子缺少了电子，但却使它有了正电荷（化学式写作Na^+），由于氯原子有了多余的电子，于是就有了负电荷（化学式写作Cl^-）。两极电荷相互吸引，最后使分子凝聚在一起。

在水中，钠和氯是分离的，钠被吸附在水分子的氧根（O^-）上，而氯被吸附在氢根（H^+）上。钠和氯融于水中并且完全被水所环绕，但造成的结果是，冰点降低了。1 000份水中加入35份的盐，其冰点在28.56℉（–1.19℃）。这就是海水的平均盐度，一般用35‰（千分之三十五）来表示。海水在32℉（0℃）时密度最高。如果温度刚刚低于冰点，多出的盐足以融化形成于路面上的任何冰雪。

十五 威尔森·本特雷为雪花拍照

千百年来，雪与冰的美丽让人心醉不已。实际上，英语中“crystal（晶体）”这一词来源于希腊词语“krustallos”，意为“冰”。

当然，对冰、雪的眷恋，不仅西方如此。虽然很多仔细观察雪花的人都注意到这些冰晶是六角形的，然而对此做第一个手笔记录的却不是西方人，是一个中国人。大约公元前140—131年西汉文帝时代，《韩诗外传》这本书中，诗人韩婴写下了“凡草木花多五出，雪花独六出”的诗句。看来那时中国人已知道了这一事实，但过了好多世纪，才有欧洲作品中提及这一事实。

人们一直认为瑞典大主教奥拉夫·马格努斯（1490—1557），是第一位做此记载的欧洲人士。1555年，他发表了一部自然史书，在书中描述了雪晶并画了一些图片。在欧洲这本书很畅销，有许多版本和译本。第一个英文译本于1658年发行，其书名为

《哥特人、瑞典人和汪尔达人史》。

过了不久，1519年，英国数学家托马斯·哈里奥特（1560—1621）也提到了相同的观察结果，这是在与德国天文学家凯普勒的通信中提及的，没有公开发表。凯普勒（1571—1630）在1611年出版的《新年礼物，或六角雪花》中也对雪花加以了描述。

然而更细致的观察需要等到显微镜发明以后再说了。一旦这个用具人手一个，雪花就成了大受欢迎的观察对象。安东尼·范·列文虎克（1632—1723），17世纪最著名的显微镜专家，对雪花进行了细致地观察。还有一位早期的显微镜专家，英国物理学家罗伯特·胡克（1635—1703）对显微镜特别感兴趣，并有意对其改进。1665年，他出版《显微术》一书，书中包括他画的一些通过显微镜观察到的雪花图片，以及他对冰晶结构的阐述。

之后几百年来，雪花因其美丽而备受人们青睐。然而1934年威尔森·本特雷发表了一部艺术与科学相互结合的作品后，情况就大不一样了。

喜欢雪花的人

威尔森·本特雷于1865年2月9日生于北佛蒙特州中名为耶利哥的小村的一位农户家中。父亲去世后，威尔森和他的弟弟一块儿经营家里的农场，经营得不错，农场大丰收，他们过得很富裕。威尔森终生生活在农场，从事科学与农场工作。

威尔森14岁之前的教育由其母在家中进行，他的母亲曾做过老师，有一架显微镜，是一个教学用具。威尔森特别喜欢用显微镜观察世界，对雪花、露滴、霜和雹特别感兴趣。最初他把观察的结果绘制出来，但不甚满意。最后他买了一个折箱照相机和一个物镜，把两者同显微镜连接到一起，这样他就可以把观察到的标本拍摄下来了。他的所有图片都是由这架相机拍摄出来的，这架相机也是他唯一的一架。

每年冬天，本特雷都要为雪花拍照，最后他一共拍摄了5 000幅。他发现雪花的形状和大小是由云层内部的气温和气流所决定的，所以根据雪的类型很可能推断出云层内部的情况。

夏季，他的注意力转移到雨点上，并设计了至今还在沿用的测量雨滴大小的方法。他用筛子把面粉洒在一个大盘子上，大约1英寸（25毫米）厚，然后把盘子放在雨中。雨点掉在面粉上时，形成了一个接近于雨滴形状的面粉球，这样本特雷就可以把面粉球拿走，对其测量。1898—1904年，他一共测量了300颗雨滴。依据其大小，本特雷能推断出这些雨滴是怎样形成的。

1898年，他在《大众科学》月刊杂志上发表了第一篇文章，之后又写了很多受大众喜爱的文章和科学论文。他的绝大部分文章都发表在《气象预报》月刊上。

1924年他荣获了美国气象协会颁发的研究一等奖，奖金微不足道，但意义重大。这个奖金意味着本特雷几十年的工作得到认可，并受到科学研究团体的高度赞赏。

他只出版过《雪晶》一书，是与美国天气预报局的主要物理学家威廉·汉弗莱合著的。汉弗莱说服本特雷对自己所有作品进行精选、整理，把最佳图片加以发行。本特雷精选了2 500幅，汉弗莱为本书写了简介，解释了拍照技法，1931年本书为麦克劳希尔图书出版公司出版发行（至今还在印刷出版，参见书后：参考书目及扩展阅读书目）。

威尔森在对农场周围的天气进行拍照、测量和研究的过程中，做了详细的气象记录。1931年12月7日，他做了最后一次记录，随后重病在床，12月23日在他热爱的农场去世。

本特雷的观察非常细致，他的这些高质量图片吸引了科学家们。并非本特雷一人在这个领域中独自探索，波兰科学家多布罗沃尔斯加也在从事此项研究并写了有关论文，但确实是本特雷的图片真正燃起了人们的想象之火。当然现在有许多此领域的向导引你走入雪晶世界。

此课题的经典科学论著由日本北海道大学的中古宇吉郎所著，这是一位研究雪的国际学术权威。中古宇吉郎1954年出版了《雪晶：自然的和人工的》一书，其实教授本人是在本特雷的启发下才有此灵感，并对实验室中的人造雪花进行了更深入的阐述。

研究雪花

研究雪花不太容易，它们非常脆弱，极易受到破坏，如果不是处于32℉（0℃）的气温下，数秒之内就会融化掉。

即使这样，还是有解决问题的办法。用普通的二氢化乙烯制成的聚乙烯稀薄溶液可以将雪花和其他冰晶捕获。溶液温度保持在－1℃——－2℃，外面罩上玻璃或木板（玻璃或木板温度同样为零下）。下雪时把这个有外罩的盆子放在外面，收集几朵雪花，然后放在室内10分钟，这时溶剂也在蒸发。过后它的温度与室温相同，雪花开始融化，水蒸气通过盖着盘子的塑料薄膜散发出去，之后把印记永远留下。

分类

没有两片完全相同的雪花，但如果你对许多雪花仔细观察一下，会发现有几种类型，特别明显。这使科学家们寻找划分它们的标准，1951年作为降水量的雪花、雹块和其他冰形都采用国际划分标准。

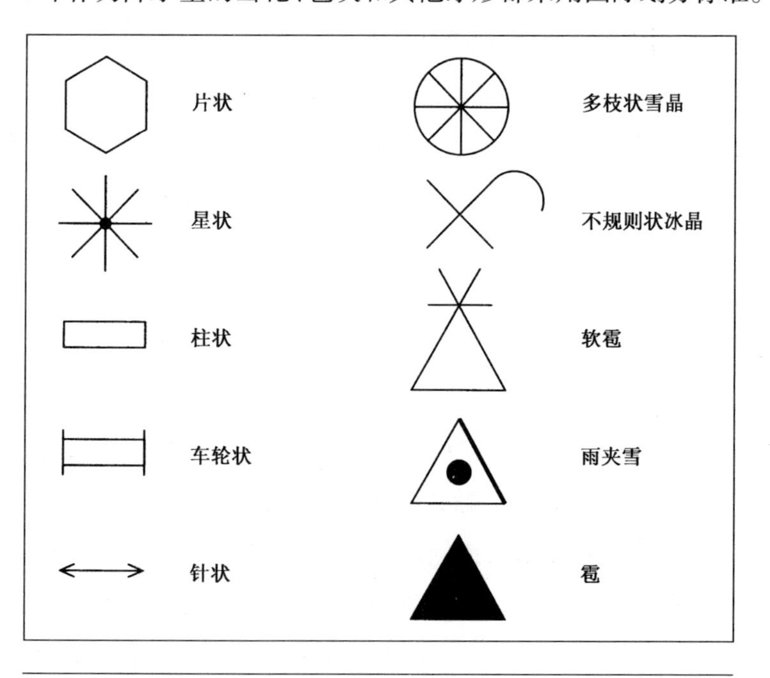

图43　冰晶符号

国际分类把冰晶分为七种，如图43所示。片状雪花为六面，星状是六点冰晶，柱状为长方形冰晶，车轮状也是长方形冰晶，但每一侧都有一条状物；当两个或多个冰晶结合在一起时，车轮条状仍保留。针状是尖形冰晶，也能结合在一起。多枝状冰晶有很多枝伸出，像蕨类植物的叶片。不规则冰晶凝结在一起时形状极不规则。

另外补充了3个冰状降水符号：软雹、雨夹雪和雹，每一类都可划分得更细。可以说，这个国际划分标准让科学家能使用大家都理解的冰晶名称。中古宇吉郎又对此国际划分标准加以发展，对7种冰晶形成加以延展，把雪花分为41种。1936年他把此分类公布于众，1966年人们又对此分类加以延展，使雪花总类提高到80个。

现在科学家对水是如何结冰的、小冰晶是如何结合在一起形成雪花等问题，有了一定的了解。而在这方面研究的一个个发现，其动力在很大程度上要归功于20世纪早期威尔森·本特雷那些精彩的图片。

十六

雪花和雪的类型

雪总是以不同形式出现，有时雪花很大，缓缓飘落于地，每片雪花都与众不同。轻握一片雪花片刻，在没有融化前，你能感到它美得精妙无比。有时雪花很小、很硬，用放大镜观察一下，我们会发现雪花有些像短竿或针，尾与尾相连成十字形或从中心点伸出无数条手臂，真会让人感觉目眩神迷。

一组水分子相互吸引，结成冰晶，在形成过程中，有几个力起了作用。最重要的是表面张力和结冰时释放的潜热。表面张力拉近分子之间的距离，并使结合体表面平滑。冰箱中立方体冻冰、结冰的水池表面比较平滑，这是因为水结冰时是从外向里，外面先结冰。潜热逃散到大气或冰箱侧面，这样一来表面张力成为主要的物理力（参见“冰雹、雨夹雪、雪”中对表面张力和“水结冰和冰融化的时候会发生什么”对潜热的解释）。

冰晶是如何形成的

雪花并不是这样形成的，而是以冻结核为中心，从里向外凝结而成，释放的潜热从中心向外扩散，最后散播到大气中。这比较容易破坏冰晶的稳定性。潜热使中心的水分子升温，足以使氢键放松一些，所以它们离冰晶表面稍有一些距离，但它们因受表面张力的作用，不会离开冰晶表面而逃散到空气中。

现在这些在冰晶表面突出的小尖片，在冰晶从云层降落过程中，开始搜集水分子。一个由水滴和冰晶组成的混合云团中含有超冷水滴，从这些超冷水滴表面蒸发的水蒸气积存在于冰晶表面，最后冰晶以牺牲超冷水滴为代价，从超冷水滴“吸附”水蒸气，体积不断地膨胀。

水蒸气落在这些凸出部分上面积聚成冰，释放潜热（680 cal g^{-1}，2 835 Jg^{-1}），而表面张力和使冰晶不稳定的潜热彼此之间摩擦。凸出部分越大，在大气降落过程中就会集结更多的水分子，最后变得越来越尖，像一株正在生长的植物顶尖。

雪花变得越来越大，其中对它的平衡的作用力也要发生改变。潜热释放显得越来越重要，表面张力的影响不断地减退。小雪花相遇时就会互相攀附合并形成大雪花，到达地面时，有的雪花只有2个冰晶，而大雪花可能会有200个冰晶。

为什么雪花有六个角并截然不同

表面张力影响个体分子，影响晶体的最初形状。由水分子构成的冰晶形状就是由表面张力决定的，冰晶突起朝六个方向延伸。绝大多数雪花，但不是全部，都是六边形。

六边形从水分子的形状而来。氧原子比氢原子大得多，同分子中氧、氢之间的键比不同分子中氧、氢之间的键短得多。水结冰时，每个水分子与另外四个水分子结合，如图44，这四个分子结合成六边形。这个六面紧挨一个不断变大的冰晶，与之结合在一起不需多大能量，但要把六面冰晶放在雪花侧面不断地聚集，成了一个很大的平面六面形。

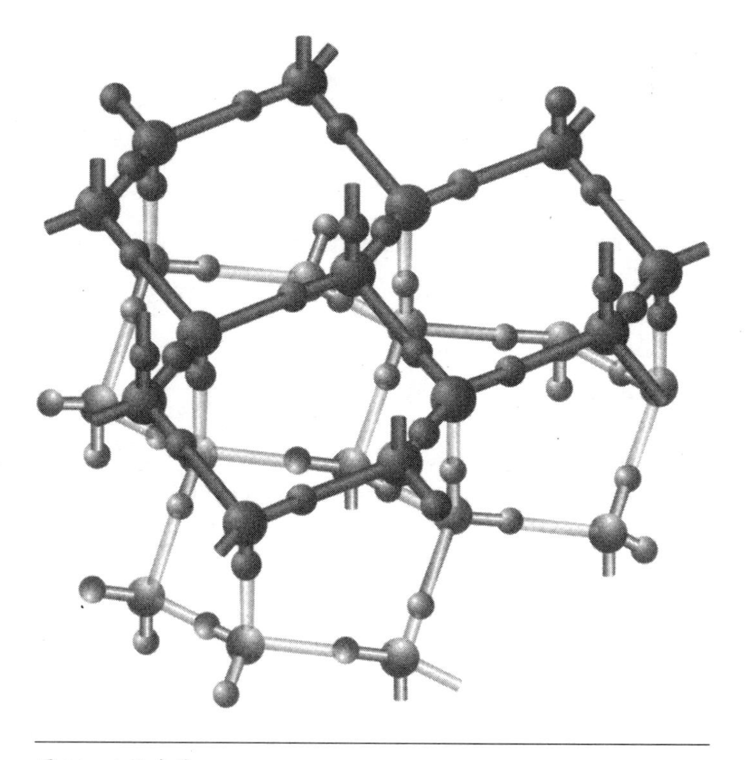

图44　六面冰晶

每个水分子与其他四个水分子结合在一起，水分子结合成六角形晶体。

一旦冰晶上的凸出部分到了一定大小，它的角棱很不稳定，其上面也会产生更小尖体、凸出部分。整个一片雪花，凸出部分处于同样一种环境，经受相同的力，因此结果自然也一样。它们都在不断变大，有快有慢，这样一片几乎完全对称的雪花形成了，正是这种对称使雪花显得格外美丽。植物和窗户上的白霜也是这样形成的，冻结时从里向外，图案相当微妙、复杂。

有时对称也会消失，如果雪花很大，慢慢地水平降落，它会保持对称。如果雪花的一端比另一端上翘，就会倾斜，从外形上一端就会比另一端厚，那么自然到它离开云层时就不会对称了。

绝大多数雪花对称，但没有一片雪花同其他相邻的雪花一样，这是因为每片雪花降落路径不同。雪花缓缓降落时都要经过移动的大气，它们会遭遇上升流或向某一侧偏移，一些雪花在空中飘移的时间较长。一些雪花会进入气温湿度稍高或稍低一点儿的大气中，大气中固体粒子的数量和类型会有所变化，这当然会影响水的凝结和冰冻速度。每一片雪花对自己经历、存在的环境作出反应，而没有哪两片雪花经历过完全相同的条件考验。

温度对雪花形状造成影响

在一个大云团顶层形成的雪花通常是柱状，其形成温度大致为–30℉（–34℃），在18℉—23℉（–8℃—–5℃）下雪花也呈柱状，而3℉—10℉（–16℃—–12℃）下雪花呈星形。如果雪花呈大片状，说明它们是在10℉—18℉（–12℃—–8℃）或27℉—32℉

(–3℃—0℃)下形成的。所以,从雪花的形状我们能推测出它的形成条件。

大的雪花都是在比较温暖时才降落的。如果云团内部气温为32℉—23℉（0℃—5℃）间,每个冰晶的外面就要覆盖一层薄薄的水,两个冰晶一经接触,水层冻结,将冰晶合并在一起。云层下部的气温一般高于云层内部的气温,所以大片雪花离开云团时,经历的大气层温度一般只略低于或略高于0℃。如果大气层温度高于30℉(–10℃),雪落到地面马上融化,不会形成积雪。

大气中水分的可用性

显然,冰晶的形成需要水,水越多,雪片越大。而湿气的多少与气温紧密相关,气温越高,水蒸气含量越多。生成冰晶的水分子以水蒸气的形式存在于大气中。0℃的大气中水蒸气的含量是0℉(–18℃)大气中水蒸气的6倍(参见补充信息栏:为什么暖空气比冷空气含有更多的水分)。现在,我们也可以明白为什么大片的雪花在温和的气温时才降落——因为有更多的湿气。

大片雪花其一要求温暖,其二对云层也提出了一定的条件:其高度必须使云层上部的气温很低。如果没有冻结核,气温高于– 40℉（ –40℃),冰晶不能形成。绝大多数冻结核在形成冰晶时温度一般要求在10℉—–13℉（ –12℃—–25℃)。整个云层中的气温若高于这个温度,降水形式只能是雨。如果雨滴过度冷却,云层下面气温在0℃以下,冻雨就会出现(参见“冻雨和冻雾”)。如果满天飞扬着鹅毛大雪，云层下部的温度只比0℃略低，云层很高，其上部气温很低。

云里面是什么

开始降落时是雪花，但当落地时却成了软雹或霰。这就说明了产生降水的云层的有关情况。软雹并非是真正的冰雹（参见“冰雹、雨夹雪、雪”部分），而是雪和冰的混合体。其实，最开始在温度极低上部形成了冰晶，冰晶降落时，合并在一起形成大片雪花。这说明云层中部比较温暖，大气潮湿。在云层下部，雪花与稍低于零点的超冷水滴相遇，这时含有冰晶和水滴的混合云出现了。水滴在飘落的雪花上冻结，在外面罩了一层冰，这时候雪花有点儿像雪球，落到地上的软雹形成了。

低温下，大气含水蒸气较少。人们总说“天冷了不能下雪”，确实说得对，冷空气是干空气。水蒸气凝结，结成冰晶，空气干燥，即使最后一丝水蒸气从冷空气中也被挤出来。同温暖大气中的冰晶一样，这些冰晶降落时也收集了更多的水分，但冷空气中湿气已不多了，很难遇到。这样一来，它们长势缓慢，在温度低的条件下，其表面不可能形成使它们合并在一起的薄水层，所以它们很小，呈碎片状。一股风吹来，它们打在人脸上，人会感到很疼，用放大镜观察一下，你就会看到有些为柱形或针形，有些形状极不规则。

最小的冰晶是在–20℉（–29℃）下形成的。这些冰晶仍要求有冻结核，但温度一旦低于–40℉（–40℃），冻结核不会存在，高纬度地区此气温很常见。冬季中纬度地区海拔3.3万英尺（10公里）的对流顶层，气温为–70℉（–57℃）。如此低温的大气非常干燥，里面没有太多的冰晶，但稍往下一点儿的大气层中，有很多冰晶，因为这一层的大气是锋面抬起来的空气，尽管海拔高，但能清楚地看到它们，它们是四处可见的薄层卷云。有时风吹过，它们就会变成狭长的云条，在两端卷曲，称作“驴尾巴”。

世界上许多地区冬季气温在–20℉（–29℃）以下，极地如此，北美洲、欧洲和亚洲也如此。不时地，相对潮湿的空气来到寒冷地区，冰晶形成，同时在温度稍高一点儿的云层中卷层云形成，冰晶由此降落。当然，冰晶也从高海拔的云层降落，但经过暖大气层时升华变成水蒸气。所以从低海拔云层中降落的冰晶在升华前落地，以小雪形式降落，里面是糖粒大小的冰晶。

雪一旦降落，必有变化

雪降落后，开始发生变化。即使在严寒时节，明亮的阳光融化了外层的雪，但在晚上又开始结冰，在雪的表面有透明的薄冰层。

积雪很深的地方，在底层可能会发生某种变化。最初降落的雪花中一些冰晶升华了，产生的水蒸气立即结冰，形成更大的冰晶，称之为“白霜”（*hoar*），上面的雪层也会如此。白色的冰晶其本身紧实，但比最初的降雪结构疏松，很容易滑动。这样，雪停留在原地，不太稳定，很容易出现雪崩（参见“雪崩”）。

我们仅使用一个“雪”字来描述冰晶形成、生长和变化的几个不同方式，其中的原因无非是虽然每年冬季我们都见到雪，但我们都对液体水更为熟悉，并有不少名字，如“阵雨”、“倾盆大雨”、“连雨”、“瓢泼大雨”、“绵绵细雨”等，所有这些都是液态降水。如果人们生活环境长年为冷酷的严冬，那么形容雨的词就会寥寥无几，而形容雪的词却比比皆是了。

十七 雪崩

如果一座山冬天被雪覆盖，远远望去，白雪平坦无边。一些地方岩石会突出地表，还有一些地方，成组的树木破坏了雪原的平整，而雪原本身则显得若无其事，甚至楚楚动人。滑雪的人造访雪原，登山的人在雪原上跋涉，雪上汽车爱好者穿越雪原，度假的人乘坐着缆索，直接置身于雪山之中，值此良辰美景，尽情嬉戏游玩。

每年，成千上万的人来到雪山，然而，每年都有上千的人直接经历平稳光洁的白雪开始移动时所发生的一切——他们遇上了雪崩。大体上来说，每年全球约有150人死于雪崩。

雪移动的威力

一旦大雪沿坡而下，它很可能会越来越快。它移动得越快，雪团所拥有的动力就越大（参见补充信息栏：动能）。它带着巨大的威力把深层的雪都撞击得冲下山坡，使其溃不成军。被撞击移动的雪又加入到滑动的雪团之中，雪崩的能量于是乎有增无减。

即使是小型的雪崩也是危机四伏。雪流所经之处，物体将要经受每平方英尺0.1—0.5吨（900—4 500 kg · m^{-2}）的表面上的撞击力。如果一个30英尺（9米）宽、1.2英尺（3.7米）高的小木屋直接站立在雪崩的流经地，它将被36—180英吨（30—150吨）的力量所撞击。小木屋也许会粉身碎骨——而且这还不是全部。小木屋的残骸——大大小小的碎木、屋顶的卵石、玻璃、家具以及其他建筑物所拥有的一切——都会被大雪毫不留情地席卷到坡下。经过一段距离的“旅行”，雪崩再也不仅仅由雪构成，雪崩会把沿途收集到的所有固体都藏身于雪中。

显然，较大的雪崩会有更大的威力。它能移动30万立方码（8 500立方米）的雪，它的撞击力可以达到每平方英尺9吨（每平方米88吨）。它会以3 240英吨（2 930吨）的力量撞击小木屋。那足以摧毁一座固体的建筑物，也足以将长成的树木连根拔起，这些所有的物质又成了雪崩的一部分继续冲下山坡。

补充信息栏　动能

动能是运动物体所产生的能量，具体计算方法是运动物体的质量乘以其速度的平方，$KE = 1/2mv^2$，m指物体的质量，v指物体的运动速度。

按此公式计算，如果动能的单位是焦耳，那么质量就是千克，速度是米/秒。如果质量是磅，速度是英里/小时，公式要稍作修改：$KE = mv^2/2g$，v的单位要变成英尺/秒（英尺/秒=英里/小时×5 280÷3 600），g为常数32。

雪崩是怎样开始的

积压在山上的任何地方的雪都有移动的可能，但是雪崩在一些地方发生的可能性则远远大于其他地方。如果山坡陡峭，雪则不会堆成厚层，它自己的重量会引起雪小量地无害地滑动。雪也不会在雪下地表十分光滑的地方堆积过多，比如，雪崩很少在有草的山坡上发生，雪在光滑的表面上很容易滑落，比如在草上。

接近峰顶的平地相对也是安全的。雪会在几乎成水平的坡上积累成厚厚的一层。它通常是稳定的，但是从高处降落的雪崩则有可能会摧毁它。这就是平坦区域只有在上面的坡上没有积雪的情况下才会安全的原因。

最危险的地方是大约30—40度的坡度。这个坡度并不太缓，所以雪不会堆集得过厚。同时，这个坡度又并不太陡，可以保证雪层的稳定。如图45所示，山的一部分是安全的，但是某一段山坡却是特别危险的。雪有时会从较缓的坡上滑落。在底层的润滑的湿雪会在10—25度的斜坡上开始移动，但是很轻，粉状的雪则可以从22

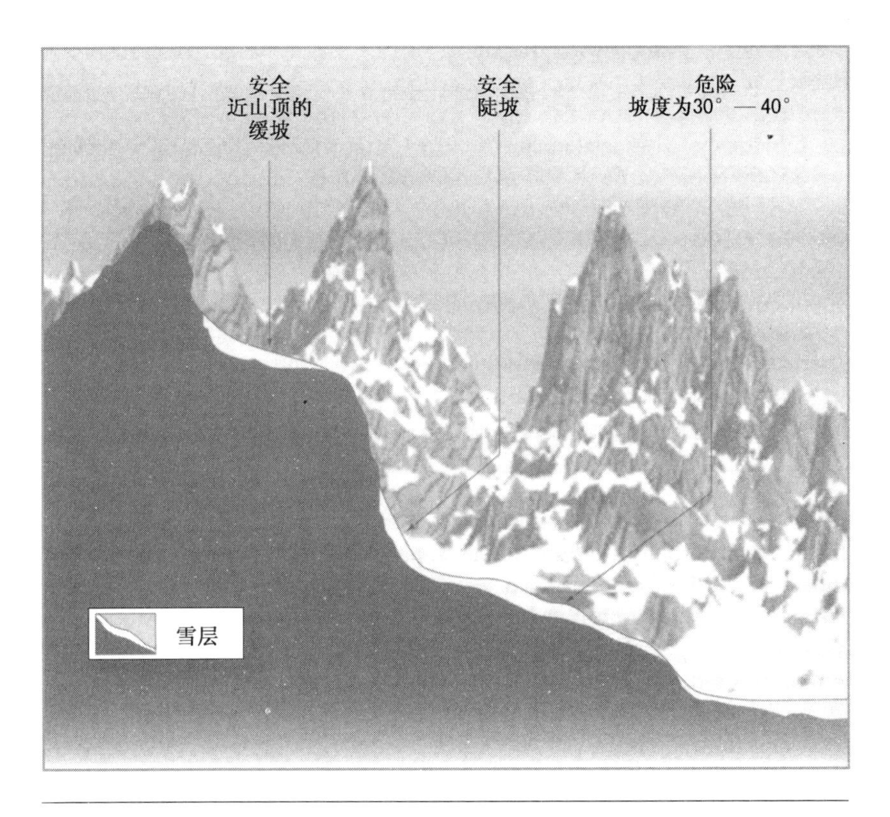

图45　斜坡与雪崩的危险

度的坡上滑落下来。

当雪层覆盖在山腰上，它看起来显得很稳定。你可以在上面行走，乘雪橇滑过，它不会有任何移动的迹象。如果它要移动，一定是有什么东西恰巧破坏了它的稳定。这会在下列三种情况下发生。

急剧的升温会引起不稳定，但这不会直接发生。雪是一个很好的绝缘体，即使阳光的温暖融化了雪层上部，暖流也不会抵达底层。危险并非来自雪层本身，而是来自山上较高处的薄雪。如果这里的雪融化了，它会汇成一股水流沿坡而下。水会渗透到山下更远的雪中，并且会部分地溶解同地表接触的雪。这会使雪同地表分离并使地表润滑。对于已经发生的这一切，表面并无明显的特征，然而此时雪层已经变得并不稳固了。

雪本身也会变化。如果底层的雪升华，而且水蒸气立即沉积为冰，部分雪层会从紧密包裹状变成霜状（见"雪花和雪的类型"）。在霜中，雪粒间的结合部比其他类型的雪都要脆弱，所以整个雪层已经失去了部分的凝聚力。当你经过它时，它也许会吱嘎作响，这是雪变得不再稳固的唯一迹象。

如果雪的重量达到一定的极限，它也会动摇。当雪（或其他任何物质）铺在山坡上，它受两种力量的制约：地心引力和摩擦力。摩擦力一般阻止直接同固体地表接触的雪层的运动，而地心引力却与摩擦力相反，它更喜欢把雪从山坡上拉下来。两种相反的力量在雪和山坡之间产生了*切应力*。雪要想滑动，重力必须克服摩擦力。合在一起的力量我们叫做*切力*，可以将雪移动。然后，雪层间的内聚力将保证整个深层的雪开始一起移动。地心引力此刻作用于整体的雪团，雪团增大、地心引力也随之增强。结果，连续的塌陷层层相叠，雪团越来越大，最后只能彻底崩溃。

山脚下的人们会知道是否已经有雪塌陷，因为雪也会滑落到他们所在的地方。望着大地上的积雪，他们或许也认为，在雪崩不断增强的危险下涉险来到山中实际上是不明智的。

从远坡而来的接近山脉的空气在雪崩经过时会被迫上升。这会使空气变得寒冷，并引起云的形成。因为气温低落，任何沉淀物都会像雪一样降落。它会降落在迎风的山坡上，当然，如果人们在另外一个山坡上，他们便不会感觉到。人们看不见山峰，因为视线被云所遮蔽，所以就不会知道那里究竟发生了什么。当空气经过峰顶，地表的不规则性引起旋风，挟带着雪在山顶盘旋或是冲下背风的一面。如图所示，这些旋风能够沉淀相当数量的雪，但是只在高处的雪地上。在低处和背风的一面，天气也会晴朗无比，天空清澈，能见度高。然而，滑雪者和登山者却并不知道，他们头顶上的积雪已经蠢蠢欲动了。

图46　背风雪
雪沿风向被风吹着向前移动，经过山顶。在背风面，风因形成了旋涡失去了很多热量。雪沉积下来，失去了很多雪，即使背风面不下雪也会如此。

雪崩的类型

不稳定性是分一定的等级的。雪层变得高度不稳定，最小的颤动就已经在酝酿之中了。一声枪响，或是滑雪而过的呼啸声，人们招呼远处朋友的喊声，树枝忽然折断的劈啪声，都足以引起雪崩。

积雪突然间开始移动。如果雪是干燥和粉状的，也许只有少量的雪粒被扰动。它们滚动着，跳跃着，一点点地移动着。然后，就像卡通片中的雪球一样，当滚下山坡的时候，它已经成为一个庞然大物了，雪地此刻已经乱作一团。越来越多的雪加入到洪流之中。

这种现象我们叫做*点状释放*雪崩，因为它从一个特别的点开始。然后，雪崩进一步扩充，到了平地上的时候它的形状就像一个倒立的大写字母V，甚至能够让自己停止下来。点状释放的雪崩只会影响到雪的表层，大多的雪层仍然留在原地。这种雪崩是很特别的，因为它前进的时候就像滚动的乌云。然而，滚动的雪团规模是很小的。点状释放的雪崩本身没有太大的危险，但是它们会继续扰动在它们之下的积雪，为更加恶劣的"板状雪崩"的发生做好准备。

板状雪崩是十分危险的。它们是方形的，降落下来就像一块板子，当整个雪层一起移动时也就发生了。这和雪在解冻时常常从山顶下落的方式一样。当山脊附近的雪融化，它就开始发生，融化了的水开始破坏下层的雪。这里的雪于是开始滑落，但又被下方的雪团挡住，于是雪团开始层层堆集。雪和山顶之间的抗剪应力增加。直到地心引力超过了摩擦力，整个雪板呈一个整体移动。情况将突如其来地发生，根本就不会有任何预兆，雪伴随着巨大的呼啸声从天而降。

这就是板状雪崩产生的经过，有时候雪板在山坡上可达到1英里（800米）的宽度。直到此时，雪板仍然保持完好，像刚刚滑落时一样，这时就会产生一种“硬板”雪崩。有时候它也会分裂为较小的雪板，像“软板”雪崩一样。

雪和风

雪一旦开始移动就会迅猛加速，湿的雪黏在一起就像泥土一样流动，像一面固体的墙在向前滚动，并被紧随其后的雪的重力不断推动着。不过，湿雪很少能达到超过55英里/小时（88公里/小时）的速度。

轻快的、干燥的、呈粉末状的雪移动的速度较快。粒状雪比较松散，不易凝聚，所以有相对大的空气充斥其中。这在雪粒之间产生了摩擦力。这种雪崩通常以每小时80—100英里（130—160公里）的速度冲下山坡，甚至能够更快。速度达到每小时190英里（305公里）也是时有发生的。

大的移动雪团还能把空气本身推向前方，这就在雪的前方产生了*雪崩风*。一次大的板状雪崩可以产生每小时150英里（297公里）的风——相当于5级的飓风。这个力量的风可以把大树连根拔掉，还能引起建筑物的解体，等雪随后来到的时候，毁灭已经发生过了。

雪崩为自身开辟出了道路，这就是*雪崩痕*。之后，当所有的雪消失，留下的痕迹却历历在目。它类似于沟槽，通常留下许多残存物，主要是卵石和破碎的树枝。如果雪崩经过一片森林，就会出现一条由树木组成的带子，它标志着一场雪崩曾在此发生。

雪总是在山上某些特别的地方变得不大稳定，所以雪崩总是发生在一些相同的固定的区域。因此，每一次它们都留下相同的遗迹。我们最好避开雪崩痕迹，因为雪崩会再次利用这些残骸，一旦它们处于运动之中，你根本就没有时间逃离。

雪崩痕的末端，也就是雪崩最后停止下来的那个地方，我们称之为*出局区*，它是一片十分清晰的平地。雪和它裹挟的杂物蔓延跌落至此，不再前行。

安全设施

许多有名的冬季旅游胜地都有近距离监控设施，管理部门采取了各种措施来避免雪崩的侵害。在一些地方，你会看到山坡上修建着坚固的栅栏，以抵挡可能滑下的雪崩。在积雪较厚并有可能不安全的地方安装有可控引爆装置，它利用爆破引发小型的雪崩以阻挡随后而来的较大的雪崩。当天气条件使雪崩可能发生时，而山坡又与游人接近，预警系统就会启动。

不过，离开了旅游区这些措施就没有了。即使在安装了安全措施的地方，你也要对周围的一切时刻保持警惕。要避开低洼处，并远离有雪崩痕的地方。估计好你所在的和你上方的山坡的坡度。你也可以用*测角仪*——一种同时具有测量坡度功能的袖珍软盘——来测量一下坡度。如果你必须穿越覆盖着深厚积雪的陡坡，你就得十分注意，千万别自己引发雪崩。要提防有着孤树、灌木和突出于雪地之上的岩石的山坡，密切注视雪地上的劈啪声和雪地下的声音。这些都是雪层变得不稳定的预兆。如果你看到和听到这些，就得赶快离开山坡。在北美洲，雪崩大都发生在面对着东北方向的山坡上，因为这里的气候最冷，地势最深，雪的凝聚力也是最弱的。

如果遭遇了雪崩，赶快离开所有辎重物品，扔掉背包，轻装应变。采用游泳的动作，尽量浮在雪地的表面。当不能运动了的时候，举起一条胳膊或一条腿，高过雪地，以便搜救者发现你。一旦雪崩停止下来，它也许会变得坚硬，你很难自己从雪中挣扎出来，除非你的上身在雪表之上。

如果你完全沉没在雪里，尽量用手扒开脸上的雪，制造出一个小小的空间。让这个空间透风，拥有足够呼吸的空气，然后等待救援。当雪停止下来，做一个深呼吸，吹开胸前的雪，然后平稳呼吸，尽量保持平静。

只有当你听到附近搜救的声音时，你才能大声喊叫。如果你能听到他们的声音，他们就有可能听到你的声音。如果不是这样，就只能保存体力，因为不管你的叫声有多么卖力，它只能传出很短的距离。

所以，如果不是到一个配备了应急设备的旅游地点，或是受过训练，最好不要冒险登山。即使在旅游胜地，你也要始终听从给予你的安全建议，不要从规定的区域和山坡随便离开。

雪崩是十分危险的自然现象，每年都有人因此死亡。只有采取明智的预防措施，你才能避免与它不期而遇。

十八
冷空气与暖水流

在英格兰南部沿海的布莱顿，有一个奇异的风俗。新年的那一天，人们要在海里洗浴。当然，人们不可能在水中待的时间过长。对于大部分人来说，快速游到海中，再从海中快速游出来就已经足够了。但是，按照传统的要求，人们必须把自己全身都浸到水里，尤其要把头钻到水下，最后全身都将湿透。这个风俗经常在电视上播出，人们冻得哆哆嗦嗦的样子和大家忍俊不禁哈哈大笑的场面在画面上都见得到。如果他们不是在演戏，那他们就一定是真的乐在其中了。

这个风俗不只是限于布莱顿才有——英国的洗浴者绝不是世界上最不怕冷的人。莫斯科人也喜欢在严冬时游泳，不过他们是劈开冰层，直入水中，然后赶在水面重新结冰之前游回岸边。莫斯科远比布莱顿冷多了，这里的洗浴者认为在严寒中的短时间的赤裸会让身体更加健康。

假如他们只在水中停留很短的时间，不舒服的感觉并不会像看起来那么严重。布莱顿在新年那一天的气温最低不过比冰点高出摄氏1度到2度，但通常有风，使你感觉很冷（参见“风寒效应”）。在莫斯科，1月份的白天平均温度是–9℃（15℉）。布莱顿的海水温度一般是10℃（50℉）。莫斯科的洗浴者不可能全身浸入水中，但是水上的厚厚的冰层提供了一个好的隔离，冰下的水比空气中的水要暖和得多。

在从海里出来到岸边的时候浴者会感到十分的冷，在水里则显得暖和得多。在电视上看到布莱顿冬游的人们会欣赏浴者的勇气，也有人会嘲笑他们精神有问题，两种情形都是基于一个错误的认识。他们只是知道夏天的海岸，空气温暖，但海水却非常凉爽。在仲夏，海水比陆地上的空气温度要低好几度，比地面要凉很多。然而，冬天的情形则正好相反。俄罗斯的电视观众也被误导了，他们知道湖边和河边是盛夏时纳凉的好地方，却没有意识到冬天时水里才是躲避严寒的好去处。

比热

同陆地相比，水要吸收很多热能才能变得明显暖和，而一旦吸收了热能，它失去热能的速度要比陆地慢得多。实际上，一定量的水比同等量的干燥的沙子要吸收5倍的热能才能使温度上升。被物体吸收并用于这个物体增高温度的能量我们称为物体的“比热容”。

每种物体的比热容各不相同，水的比热容远远高于其他的普通物质。下面的表格标出了水、冰、沙子和几种常见石头的比热容。比热容随温度的不同也有一些轻微的变化，所以当我们得出比热容的数值的时候，有必要搞清正确数值下的温度。热量单位是焦耳/每千克/每开氏温标（$J\ kg^{-1}K^{-1}$）或者是卡路里/每克/每摄氏度（$cal\ g^{-1}\ ℃^{-1}$）。

水的高热能现象是氢键结合同分子连接的结果（参见“水结冰和冰融化时会发生什么”）。我们所感觉到的作用于皮肤上的温度是分子运动的能量。如果某种物体得到加温，它的分子运动就加快，所以分子撞击我们皮肤就更强烈。我们皮肤上的传感系统感知到这种撞击，我们的大脑就把它解释为热度。当水在加热时，水分子明显运动加快，但它们的氢键结合却限制了那种运动。许多热能用于促进水分子的运动，而不是用于水分子彼此之间自由独立的运动。

辐射与黑体

当湖泊、海洋或是陆地由于太阳照射而升温，它便吸收热量，于是温度也随之上升。它的温度一旦高于周围的物体，就开始放射它所吸收的热能，而且其波长与温度呈现出反向的平衡——就是说，温度越高，波长就越短。这就叫*黑体辐射*（参见补充信息栏：比热与黑体）。

表3　常见物质的比热

普通物质的比热				
物　　质	温　　度		℃	
	℃	℉	1 kg^{-1}K^{-1}	cal g^{-1} ℃$^{-1}$
淡　　水	15	59	4 187	1.00
海　　水	17	62.6	3 936	0.94
冰	–21—–1	–5.8—–30.2	2 009—2 094	0.48—0.50
干燥空气	20	68	1 006	0.240 3
玄武岩	20—100	68—212	837—1 005	0.20—0.24
花岗岩	20—100	68—212	795—837	0.19—0.20
白大理石	18	64.4	879—921	0.21—0.22
石　　英	0	32	712	0.17
沙	20—100	68—212	837	0.20

补充信息栏　比热与黑体

当物体受热时，它会吸收热量并且温度升高。不同的物体温度升高1度所需热量不同。物体温度升高至一定程度吸收的热量叫比热。它的计量单位是卡路里/克·摄氏度或者科学计算单位焦耳/千克·开氏度。比热因温度不同而变化。所以当给出一物质的比热时，往往要作出详细说明：它指的是哪一温度下或哪一温度范围内的比热。

纯净水的比热是1。它的意思是要想使1克59℉（15℃）的水温上升1度，要吸收1卡路里的热量。海水在62.6℉（17℃）时的比热是0.94。

沙漠的表面由花岗岩和沙子构成。它的温度通常是68℉（20℃）—212℉（100℃），花岗岩的比热是0.19—0.20，沙子的比热是0.20。

水的比热是花岗岩的5倍，也就是说，相同质量的水温要上升到和花岗岩同样的程度，所需热量是花岗岩的5倍，这就是为什么水温上升要比沙石缓慢的原因。夏天海滨的沙子非常热，如果赤脚在上面行走是很容易被烫伤的。但如果你跑到水里，那就感觉舒服多了，其原因就是水和沙子的比热不同。

在沙漠里，因为岩石和沙子的比热较低，所以容易变热，特别在中午的时候更加明显。比热具有两面性，温度上升速度快的物体冷却速度也快。因分子结构不同，所以容易吸热的物体一旦失去热源，其保存热量的时间也不会长久。

地表把太阳的热量反射到空中。如果空中有云，那么云就会吸收热量并再反射回来，这样就保存了热量。然而，沙漠上空的云极少，所以它就像个黑体一样，将所有到达的热量全部吸收。黑体把落在它上面的辐射全部吸收，然后把吸收的热能重新辐射出来，只不过波长较长。没有完美的黑体（因为一些热量不可避免地散失掉了），但地球和太阳之间的距离很近。黑体的辐射波长和温度成反比：温度越高，波长越短。

白天，沙石吸收太阳的热量。其温度升高并把部分热量反射到空中，但是同时它们继续吸收太阳辐射。每天午后早些时候，地面的温度最高。当太阳降到地平线的时候，温度就要发生变化。地表辐射不变，但是能够吸收的太阳能却减少了。地表开始慢慢地变冷。当太阳降到地平线以下，夜幕降临的时候，沙漠不能再吸收太阳热量，但是黑体辐射并没有就此停止。因此，地表的温度继续大幅度地下降。这就是为什么沙漠的夜晚温度较低，有时还很冷。

传导性、反射率和透明度

大海和陆地对太阳照射的反应不仅不同，而且大为不同。为一个物体的表面加热，热能传导于表面之下，结果，整个物体都升温了。这也因物而异。比如说，金属就是非常好的热能传导者。空气的传导能力则十分有限。由于干燥土壤的粒子之间有空气在内，所以粒子大小不一，土壤的热量就不同。沙子由大的粒子组成，所以其中的空隙较大，通常叫做“气孔”。黏土由非常小的粒子构成，中间的气孔就很少。

当地面被太阳照热，地面的最上层会很快升温，但是地表0.3米之下的温度就很难改变。如果你在一个大热天来到沙滩上，就会知道沙子有多么的热，你根本就不能在上面行走。但是你要再往下挖一挖就会发现，下面的沙子是凉的。这种随深度的不同而导致的温度变化已经有了测量数据。在一个晴朗的热天，沙子的表面可以达到104℉（40℃），但是地表2英寸（5厘米）下温度则只有68℉（20℃），在6英寸（15厘米）的深度只有45℉（7℃）。

沙子传导热能很慢是因为沙子中所包含的空气较多，温度的散失同样需要时间。黏土也是这样。黏土的表面在同样天气下则只有70℉（21℃），比沙子要凉，这是因为它的热能已被传到下面去了，通过它的小而密集的粒子更为有效的活动使热能远离了表层。在2英寸（5厘米）的深度，温度是57℉（14℃）；在6英寸（15厘米）的深度，温度为39℉（4℃）。

然而，如果土壤潮湿，热能就被传导得更深，因为水的传热能力要远胜于空气。湿润的土壤因此比干燥的土壤要吸收更多的热能。如果土壤非常潮湿，它就会吸收更加多的热能，因为此时水的比热容已占据了主导地位。

并不是到达地表的所有的阳光照射都能被吸收，有一些热能被反射出去了。反射的热能的多少因不同地表所测量的反射度的不同而不同（参见表2）。比如，沙子的反射度是35—45。水的反射度因太阳在地平线之上的高度而不同，当正午时刻，太阳高悬天空，水的反射度是2%，这就是说，水吸收了98%的太阳到达水面的热能。在一天的早晚，太阳偏低，大多的光线被反射出去，而当太阳升高至地平线之上10°的时候，反射度会增加到35。当太阳穿越地平线时，其反射率达到了99以上。

水是透明的物体，这就意味着阳光和热能能够穿透水面而不会被反射。如果水十分清澈，光线可以深入水中约30英尺（9米）。实际上，热能通常还能进入得更深，因为水往往不是静止的。波浪和潮汐在搅动着水，把暖和的表层的水带到远离表层的深处。在夏天，北海的温暖可以深入水下大约130英尺（40米），这在中纬度地区是比较典型的。

海洋的影响

这些影响联合在一起扩大了陆地和海洋对太阳照射的不同的反应。海水的升温和降温并不是简简单单地只比陆地慢一些，而是大大地慢于陆地。这个现象对我们的气候有着重要的意义。首先，它启发我们区分陆地上和海洋中的不同的气候类型（参见“大陆性气候与海洋性气候”）。在冬天，它会给我们带来暴风雪。

描述一下气团经过大块陆地时所发生的现象吧。晚秋时节，陆地已经失去了它在整个夏季所积累的温暖。陆地变冷了，它使经过陆地上空的空气也变得寒冷。冷空气也是干燥的空气（参见补充信息栏：为什么暖空气比冷空气富含更多水分）。所以，当到达遥远的海岸时，空气团已是又寒冷又干燥。然后它开始穿越海洋。由于水比空气暖和，所以空气也变暖了一点，这使它增加了携带湿气的能力，水变成蒸汽进入空气中。当它到达海洋的另一个海岸时，它已经变成了温和潮湿的海洋空气。现在它又遇到了陆地，并且再一次被变冷。当它进入内陆，温度便下降，它开始失去水分，在冬季常常被狂风所驱动,还可能变成雪。换一句话说,暴风雪来了。

如果不是因为水的高热能,陆地温度和海洋温度其实没有太大的不同,而且在高纬度地区大部分海水都不会在冬季结冰。热能现象是水的一个显著的属性。它使海洋地区在冬季更加温和而不是相反,但是它也会给我们带来凶猛的暴风雪。

十九

暴风雪、吹雪和雪暴

当人们说“昨晚有6英寸的降雪”时，他们是什么意思呢？我们经常谈到降雪量，仿佛这是一个我们简单地望望窗外就能得到的精确的数字。步出户外，你也许能够、也许不能够看见6英寸（15厘米）的雪。更可能的是你发现一些地方的雪不过3英寸（7.5厘米）厚，但也有的地方雪超过了1英尺（30厘米）深，还有的地方其实根本就没有雪。所以人们是怎么得出了6英寸的数字呢？

雪跟雨不一样，作为液体，雨是流动的而且不能被压缩。如果用力挤压水，它的量是不会改变的。在空旷的地面，如果没有任何东西遮掩，1英寸（25毫米）的降雨在哪里都是一样的。雪则不会流动，它落地后开始堆积，风又把它吹到特定的地方，所以一些地方的积雪就比别的地方要厚。所有的雪并非相同，湿润的雪呈薄片状，比干燥的粉末状的雪要占据更多的空间。因为其颗粒之间的空隙，雪可以被压缩。

有些方面也许我们必须得更明确说明。当我们谈到"6英寸的雪"时，我们还必须说明，我们指的是哪一种类型的雪，这个6英寸（15厘米）的深度是在哪里发现的，它是否是该地区典型的降雪。

也许只有一种方法能够解决这个问题，那就是认真选择一个地方测量雪的深度，然后把降雪当做降雨来考虑。这就是气象学家的工作，结果会告诉他们比降雪量更有用的信息。数据会告诉他们有多少降水。他们收集雪，然后进行融化，最后他们报出的降雪量是等量的雨水。这个数据因温度不同也有一些差异。表4显示了在一定温度范围内的与降雨相当的降雪量。在29℉—34℉（–1.7℃—1℃）时，刚降下的雪只同它1/10深度的水等量。

表4　降雪与降雨的等值转换

雪与水的比率		
温度		比率
℉	℃	
35	1.7	7∶1
29—34	–1.7—1.1	10∶1
20—28	–6.7—–2.2	15∶1
10—19	–12.2—–7.2	20∶1
0—9	–17.8—–12.8	30∶1
低于0	低于17.8	40∶1

风与城市

当代最大的暴风雪之一于1977年1月下旬袭击了美国水牛城和纽约周围的地区。水牛城正好位于美国五大湖东部的雪带上（参见“湖泊效应”）。在大多数的冬季，几英尺的雪是司空见惯的事情，然而，1977年的暴风雪比这还要糟糕。从加拿大来的湿润的风已经以每小时70英里（113公里）的速度吹了5天，在前几天降下的3英尺（0.9米）的雪上又堆积了4英尺（1.2米）的雪，有的地方飘来的积雪已达到了30英尺（9米）的厚度。

风吹起了积雪。并不是风的威力给我们带来了麻烦，而是风带来的雪的数量使我们望而生畏，尽管两者密不可分。强大的风可以把雪从地面上举起来，并把它们加到正在降落的雪的队伍中。这就是水牛城曾经发生过的事情。大风把堆积在伊利湖冰面上的积雪卷起，然后倾倒在水牛城中。

除了在空旷的原野和海上，接近地面上的风很少对一个方向长久地吹，其方向和风力因地点不同而处于不断变化之中。山丘、树木、楼房和各种障碍物都会使风向发生改变，这种效应在城市中就更为明显，尤其是在建筑物高低不一的城市。

障碍物、摩擦力和地面都是使风减速的因素。如果爬到地面上几百英尺高的地方，你通常会感到风速显著增加。所以，城市里的风要比环绕它的乡村减小一些。不妨举一个例子，当风吹过伦敦西郊的希斯罗机场，风速有时能达到每小时6.4英里（10公里），而伦敦市中心的风速不过是每小时4.7英里（7.6公里）。然而，这是白天正午的测量结果，晚上的情形则正好相反，市中心的风力反而大大超过了郊区。

城市气候

城市和乡村在气候条件上的不同主要是因为夜间地面冷却的程度不一样。在大城市中，汽车和建筑物释放出大量的热量，尤其在冬天更是如此。这就是*热岛*现象，即城市的温度总是比周围的乡村要高。

温度高的空气上升至城市之上会遇到建筑物上空较冷的空气。混合的结果是气流产生了骚动，这种骚动把城市上空的空气带到了大街的地面上。这股空气这时仍以原来的速度在运动着，城市上空高速运动着的并没有降速多少的风就这样来到了地面上。风力越大，城市与乡村的风速的差别就越大。图47显示了风怎样围绕着建筑物形成了旋转。

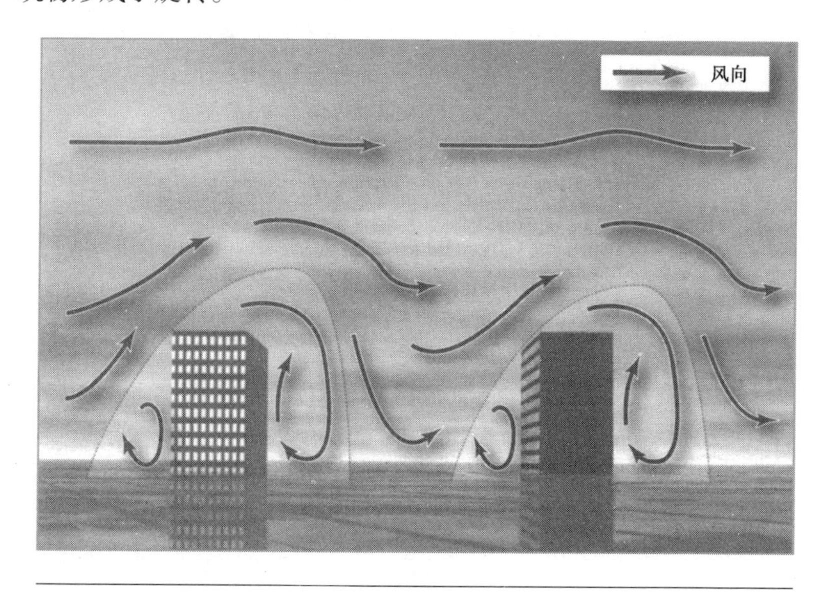

图47　环绕建筑物运行的风

这是一个大致的情况，具体情况则千差万别。一条笔直的两边高楼耸立的长街就像一条峡谷。如果风向大致与街道平行，建筑物就形成了一个漏斗让风通过，同在大自然中的峡谷里所发生的一样。当风向建筑物迎面吹去，一部分气流被改变方向向上吹去，另一部分向下吹来。在屋顶，转而向上的空气会再次遇到风的主流，于是重新与其会师，合二为一。但在建筑物的顺风的一面，空气则被来风所吹走，气压有一些降低。这使一些空气沿建筑物的侧面向下呈回旋式运动。在地面，转向沿建筑物侧面向下的空气流回街道之中，在那里它也许会遇到建筑物前的横穿街道的空气。两股气流相碰撞，它们常常会相互追逐，盘旋不已，形成一个街道旋风。当你看到废纸和尘土在打着旋涡转圈时，你就应该意识到它们遇到了上述的这种旋风。沿建筑物向下运动的余下的空气跌落到各个侧面，形成了更多的旋涡。

吹雪

总体说来，这些障碍物以及空气紊乱所造成的影响降低了风速，风力愈大，它在城市间的穿越就使自身速度下降的幅度越大。这种风速上的降低影响了雪的降落。如果雪是由直接吹向建筑物的风带来，一部分雪就会黏附在建筑物的墙壁上，不过这并不是主要的影响。如果风把雪直接吹到墙上，墙的表面或许会形成厚厚的相当平整的雪层。然后，墙壁上的雪会因为自身的重量而下落，渐渐地沿墙滑落之后形成一个斜坡。当然，这并不是事实。雪堆积在墙脚并非是由于它们沿着建筑侧面降落，正如图48所示，墙脚其实是雪首先着陆的地方。

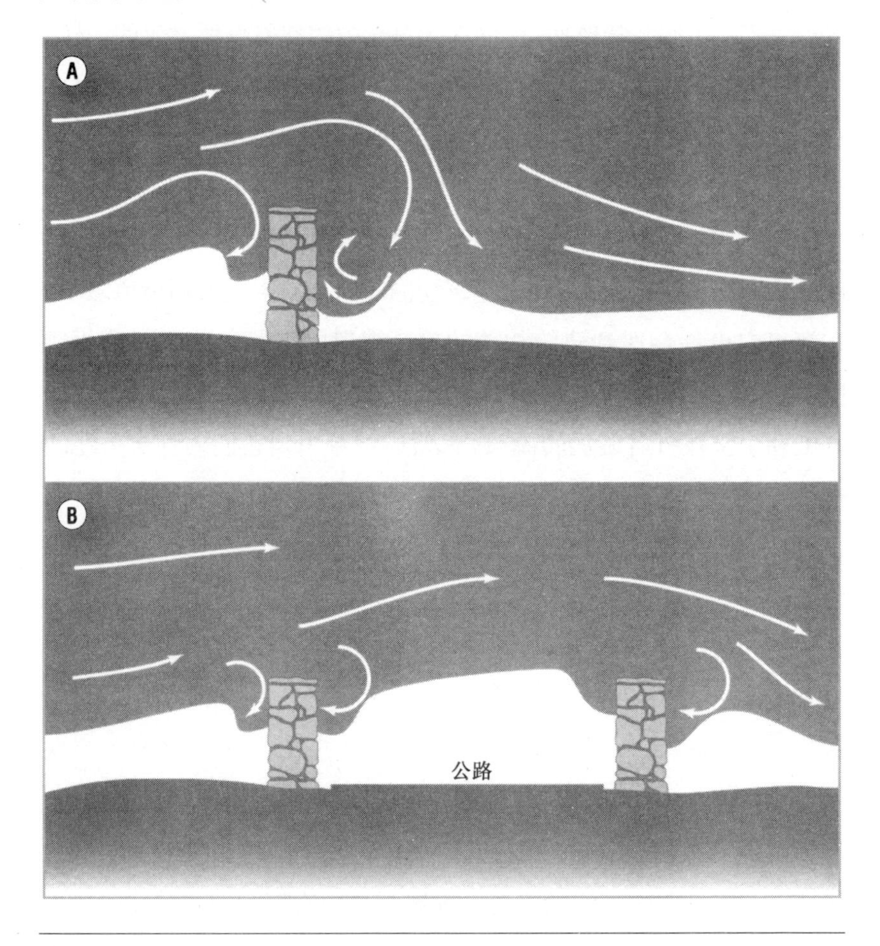

图48 吹雪
一个墙面的两侧都能产生吹雪，公路沿线较高一侧也能产生飘雪。

风由于吹动而减少了自身的能量，风能够携带的任何物体的量取决于它有多大的能量。在这一点上风就像河流。一条快速流动的河流携带着淤泥、沙子和小块的石子，一阵大雨之后，河水会变得混浊，那是因为河流此时携带了大量的泥土。当河流减慢，能量降低，较重的物质如石头等就会沉到河底，河流再也不能带走它们。随着能量的降低越来越多的物质沉下来，最重的物质最先沉到底部。相似的是，当风失去能量，它的携带物也会降落下来。

载雪的风失去能量的地方，就有飘雪形成。当它撞到了建筑物表面的时候风就会因转向而失去能量。因此，可以预想的是，风会在建筑物的底下降下它所裹挟的雪。这就是雪喜欢在房子的一侧堆积的原因，所以在一场彻夜的大雪之后，你也许不得不从自己的门前挖出一条道路走出家门。

在墙壁和吹雪之间，通常还有一条窄缝，那里的雪较薄。当风撞到墙上，它呈一条曲线状转向，沿墙面而下，然后又离开墙壁，结果大部分的雪降落在同墙壁之间还有一点距离的地方。如果墙低，一些风会越过墙的上部从背风的一面旋转而下。这同样会引起相对薄的雪依墙脚堆积，而更厚的雪则与墙脚有一点距离。

道路也会被雪阻隔。吹雪覆盖了本来高出于两边陆地的道路，结果，道路消失了。因此，一些地方针对暴风雪设有较高的柱子标明道路，以帮助旅行者和扫雪车司机认出道路的路线。在道路的表面与两边的地面处于同一高度的地方，能量减弱的旋风将更多的雪堆积在道路上，而不是其他地方，并开始在顺风的一面形成了飘雪。下凹的道路常常被雪覆盖，当春天解冻时飘雪可以坚持好几个星期，时间远远长于无所遮蔽的地面上的积雪。

狂风驱动的暴风雪可以引起很深的积雪，但是轻风也能做到这一点。风开始时伴随的能量越小，这能量就越容易减弱。在无风的空气中，雪垂直降落，每一个裸露的地表都会覆盖上等量的雪。在一些条件下，飘雪仍会形成，不过这并不多见。通常的情况是：存在着一定的气流运动，雪呈一定的角度垂直降落。当雪遇到障碍物，轻风并未减少多少能量，雪就会堆积。

吹雪的危险性

吹雪给我们带来了不便，从路面上清除它们是一件既慢又费时的工作。另外，它们也十分危险，对于不熟悉的地形，我们很难判断出雪的深浅。一个人要是掉到了雪里，逃生是十分困难的。

对于美国的内布拉斯加州的里查德森县来说，1856—1857年的冬天是十分严峻的，一场暴风雪在12月初把20头牲畜赶到了山谷里，由于积雪的阻挡，它们无法逃生。次年2月份的时候，主人才找到了它们。一些牲畜靠吃树枝得以存活。充满沟壑的积雪达到了30英尺（9米）深。

1873年4月13日星期一，内布拉斯加州的霍华德县发生了雪暴，并延续了好几日。当风雪停息时，许多房屋和畜栏被积雪毁坏。暴风雪刚开始的时候，一位母亲正和她的两个女儿——丽兹和伊曼待在家中。妈妈不太舒服，于是上床休息了，两个女儿则照看着炉火。风夹杂着细碎的雪，越来越凶猛，并刮进了屋中。突然间，一阵特别强烈的狂风挟带着旋转着的成团的雪吹进了屋门，顿时，正在燃烧着的煤炭从火中溅出，屋子中四处都是。当两个女儿扑灭了火，另一股强风又猛地揭开了屋顶，大雪开始灌入屋内。两人爬到了床上与妈妈依偎在一起，等到天亮，她们开始向住在一英里外的邻居呼救。她们不得不爬到墙顶，因为雪完全挡住了门道。此时，狂风仍然在不停呼啸。

当大雪将房屋彻底覆盖，她们已无法分辨方向。她们在连绵不断的风雪中踱着步子，当夜晚降临只能在雪里挖出个洞，然后相拥而卧，互相取暖。星期二的早晨，大女儿丽兹死去了。伊曼顽强地度过了一整天和接下来的那个夜晚。然后是星期三，暴风雪终于平静了下来，太阳也出来了，虽而仍然辨不清方向，但她还是看到了邻居家的房屋。伊曼得救了，但她的妈妈却从这个星球上消失了。

1979年2月里的一天，一个叫伊丽莎白·伍德考克的女人从英格兰剑桥市的一个市场出来步行回家，她的家在离剑桥市3英里（4.8公里）的一个小村里。半路上她遇见了暴风雪并陷在那儿达8天之久。当营救人员赶来时，她听到了附近教堂星期日做礼拜的钟声，共响了2次。幸运的是，她活了下来，而且痊愈。当然，并非所有的人都会像她那么幸运。

二十 特大暴风雪及形成原因

2003年2月，美国东北部很多地区由于经年以来最严重的一场暴风雪陷于瘫痪状态。交通受阻，有些区域完全被埋没于雪中，不见丝毫踪迹。纽约、费城、巴尔的摩、华盛顿机场全部关闭。美铁（全国铁路客运公司）不得不取消在美国东北部地区近1/4的服务量。华盛顿特区积雪深达2英尺（60厘米），整座城市一片寂静。华盛顿地铁仅两小时通一班车。动物园、商店、咖啡店和博物馆也被迫关闭。2月18日，在马里兰州，每小时的积雪量达到4英寸（10厘米）深，这可以说步入了美国历史记录的头排兵之列。马里兰州部阿巴拉契亚山脉的部分地区积雪深达4英尺（1.2米）。即使总统本人也深受暴风雪之困，当总统从戴维营返回华盛顿时，他的由14辆车组成的车队缓缓地尾随除雪机。历时两个半小时之后，暴风雪移向新英格兰，积雪厚度达2英尺（60厘米），并夺去了37条性命，至少有4人在车中死于二氧化碳中毒，因为他们在车中打开了发动机取暖，结果雪把排气管堵住了。

夏季产生倾盆大雨，冬季产生严重降雪的风暴，其实都是由于不稳定的大气造成的。除了雪和雨之外，也会产生冰雹、雷电和狂风。达到极点时，即使在冬季很少见的龙卷风也会出现。

沿海地区，冬季常有*暴风*（飑），非常猛烈，但一般为局部风暴。晴朗时，暴风形成；晚间，陆地把白天从空中吸收的热辐射冷却，温度降低。如果阴天，云团会吸收使大气与地面升温的辐射热，因此冬季晴朗的夜晚比阴沉沉的夜晚冷得多。冬季，海洋比陆地温暖（参见“冷空气与暖水海洋”），无论白天还是晚上，与之接触的大气温度会升高。最后，在一个晴朗的夜晚，陆地上空形成冷气团，而海洋上空为温暖、潮湿的暖气团。如果暖气团越过海岸，在大陆上空会插入寒冷、大密度的冷气团上方，形成积雨暴风云。

激烈风暴有时在一个前进的冷锋（参见补充信息栏：锋面）前方形成一条雷暴雨线，这就是飑线——一系列风暴形成的一条长线，长达600英里（965公里）。飑线的形成有几种途径，如果锋面后的冷气团移动迅速并下沉（这样的锋面被称为*下滑锋*），它会把下面其前方的暖气团使劲向前推移。可能会出现严重降雨，降雨使云朵中高层冷气团下沉，使周围大气降温。这会使冷气团下沉，并推动同一云团中没有产生降雨的相邻暖气团前行，从而产生了伪锋（假锋）。

另外，大雷暴不断地“繁衍生息”。风暴一般在消散之前仅持续1—2小时，不断吸纳暖空气得以延续下去。风暴上升，水蒸气凝结释放潜热，大气升温，空气作为一股强烈的上升气流，不断向上运动。云层上部的降水使冷气团下降，当降水经由云层下部时，一些降水蒸发，吸收潜热，使周围大气降温，于是形成了冷下沉气流。通常情况下，下沉气流下沉时遭遇上升气流，使上升气流冷却，速度减缓，最后使其停止上升。这就说明风暴结束，乌云消散了。同时，在*阵风锋面*处，来自云层基部的强烈下沉气流在相邻暖空气下，将暖空气向上抬起，使其极不稳定，被抬起的气流随后在前方产生新的暴风云，在消散的暴风云右侧。

稳定性与温度直减率

所有的风暴都要求有一个含潮湿、不稳定的大气组成的低压区（参见补充信息栏：气压、高压与低压）以及使不稳定的大气运动的干扰因素。一旦这些条件得到满足，暴风云会迅速发展，从而产生风暴。

大气稳定与否其实是温度直减率问题。气温随高度递减，世界上地表平均温度为59℉（15℃）；对流顶层大约3.6万英尺（11公里）处有一气温分界线。气温分界线上部，气温保持恒定不变，不随高度增加而下降，温度始终处于–74℉（–59℃）。用地表温度减去3.6万英尺（11公里）处的温度，我们得之的温差为133℉（74℃），也就是说，每上升1 000英尺，温度下降3.7℉（6.7℃/公里），这就是平均温度直减率。但地区温度直减率变化很大，真正的地区温度直减率称为*环境推移率*。例如，冬季地表温度为30℉（–10℃），其环境推移率为每上升1 000英尺，温度降低2.9℉（5.3℃/公里）。

如果干空气被迫上升，也许会穿越山脉，以干绝热温度直减率（或DALR）降温（参见补充信息栏：绝热冷却与绝热增温），温度直减率为每上升1 000英尺，气温递减5.5℉（10℃/公里）。

这个温度直减率恒定不变，不必考虑上升空气最初温度。当空气上升时，干燥空气降温比平均温度直减率下降得快。我们不妨再举个例子加以说明，若地表温度为30℉（–1℃），上升空气开始温度为（31℉– 0.5℃），当空气上升到1 000英尺（300米）高空时，上升空气气温为25.5℉（–3.6℃），周围气温为27.1℉（–2.7℃）。此上升空气温度较低，密度较大。当它穿过山顶时，会下沉，绝热增温达到最初温度，这时我们说大气*稳定*了。

如果上升空气潮湿，其温度很快会达到露点，水蒸气开始凝结，释放潜热，气温升高，因此进一步冷却，其速度为湿绝热直减率（SALR），此温度直减率因大气相对湿度不断变化，但平均值为每上升1 000英尺，温度下降3℉（6℃/公里）。水蒸气开始凝结的高度为*抬升凝结高度*。如果高度为200英尺（61米），上升空气温度从最初31℉（–0.5℃）下降到29.9℉（–1.2℃），之后降温速度减缓，在1 000英尺（300米）高空，气温达27.8℉（–2.3℃）。此温度比周围27.7℉（–2.7℃）大气温度高，因此还要继续上升。我们把一旦被举高就要不断上升的空气称之为*有条件不稳定*，造成不平稳的一个必要条件是最初的上升。

现在再观察一下上升空气温度与刚刚我们提到的31℉（–0.5℃）相差很大时，会出现什么情况。若上升空气最初温度为40℉（4.4℃），其凝结高度为500英尺（150米），过了此高度继续以温度绝热直减率速度冷却，大气温度比3万英尺（9公里）高度的气温要高。所以它一路上升达到并超过对流层,因为上升,所以温度比海拔较低的同温层温度高。此种大气确实相当不稳定,尽管为数较少,却会产生剧烈风暴。当到达一定高度时,失去很大一部分水蒸气,凝结停止,大气又会以干绝热温度直减率的速度继续降温。

补充信息栏 气压、高压与低压

大气升温时,体积膨胀,密度减小。大气降温时,体积收缩,密度变大。

大气膨胀是通过把它周围空气推向四周实现的。空气上升是因为上方与之相邻的大气密度较大,所以密度大者下沉,将其抬高,而密度大的空气在下面与地表接触,也会升温、膨胀和上升。不妨想一下,如果有一柱空气从地表以下延展到大气顶层,下方气温较高,会使空气跑出这个柱形大气,这样空气减少(空气分子减少)。空气减少,它对地表所施压力也会降低。最后低压区形成了,称之为*低压*。

低温大气情况与此相反。大气分子彼此距离很近,因此收缩,密度变大,开始下沉。柱状大气中,大气分子增加,重力增加,自然对地表的压力增加。这就产生了高压区,称之为*高压*。

在海平面高度,大气所施压力可以使真空玻璃管中水银柱高度达到760毫米(30英寸),气象学家称此压力为1巴,过去称气压时使用单位为毫巴(1 000毫巴(mb)=1

巴 = 10^6 达因/cm^{-2} = 14.5 磅/平方英寸$^{-2}$)，现在在报纸和天气预报中还是使用毫巴，但国际科学单位已有所改变。现今科学家们使用帕斯卡（Pa）：

1 巴 = 0.1 MPa（百万帕，英文为megapascals）

1 毫巴（mb）= 100 帕斯卡（Pa）

气压随高度递减，因上方空气重力越来越小，施加的压力自然也越来越小。不同地方地表气压依据海平面气压更正一下，排除仅仅因海拔高度造成的差别。如果用线表示气压，同一根线把相同气压的地区连接起来，这些线称为等压线，气象学家们通过等压线可以了解气压的分布。

水从高处往低处流，气压亦如此——从高压流向低压。其速度，即我们感知到的风力取决于高、低区的气压差异，我们称之为*气压梯度*。在气象云图上，我们通过两条等压线间的距离来计算气压梯度，这与在一张普通地图上通过两条等高线间的距离来测量山的陡峭程度一样。如图49所示，气压梯度越陡峭，等压线之间距离越紧密，风力越强。

移动的空气受科里奥利效应的影响，在北半球，空气按顺时针方向移动，在南半球按逆时针方向移动，结果，大气行经地面时风与等压线平行，而不是交叉，并且风也受到与地表摩控力的影响，在行经地面时比行经海洋时效果更为明显。结果，地面风不与等压线平行，与海面交角为30°，与陆面交角45°，穿越海面和地面，风朝低压中心方向刮去。

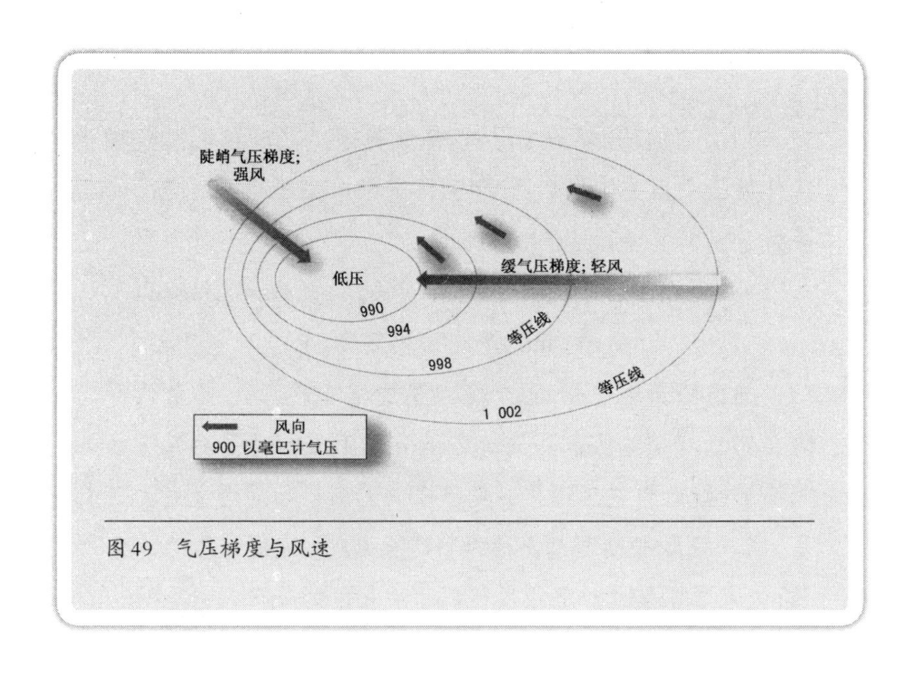

图49　气压梯度与风速

云内部情况

云层内部形势严峻。云层底部处于500英尺（150米）高的上升凝结高度上，几分钟内凝结的水滴被上升空气携带上升，在大约1.4万英尺（4 270米），温度大约为–3℉（–19℃）处，雨滴结为冰晶，但仍持续上升。冷空气从云层上部下沉，上升气流与下沉气流通常情况下时速为每小时20英里（32公里），有时会超过每小时60英里（96公里），但最猛烈的风暴一般都是在云层上面的风带走上升气流才出现的。这样下面越来越多的空气被上面云层吸纳，上升气流势力增强。当上升气流在云层顶部被吹散之后，往往会成明显的铁砧状，其中有冰晶。如果你观察到一个昏暗的大云朵上面有一白色“铁砧”，就知道猛烈风暴马上来了。

风暴中心气压为低压，有时异常低。被吸入低压区的空气绕低压区旋转，产生了与气压梯度成一定比例的风（参见“强烈风与其发生原因”）。云层降雨受前方和后方不时伴有阵风的强风所制，在其前面空气被吸纳、加入上升气流，后面冷空气从云层中流出。如果降水为雪，雪暴很可能发生。

水滴、冰晶上升，冰晶下降，出现许多次碰撞。所以这种水与冰的混合物形成了软雹（霰）和雹块，也形成了雪花（参见“雪花与雪的类型”）。

闪电

有时也会出现别的情况。暴风云获得电核，顶部为正电核、底部主要为负电核。这是如何形成的，现在我们不太肯定，但下面的信息栏对此过程做了大致的描述。

补充信息栏　正负电核分离

在积雨暴风云中，云层上部通常积聚正电核，下部积聚负电核。当然，在云层基部有一小部分地区有正电核，但来历不明。

科学家们也不太清楚电核分离是如何形成的，但很可能涉及几个过程。一些分离可能是因为大气上层的电离层（约海拔60公里，37英里高度）是正电，而天气晴朗时地表为负电，并不时有稳定的和缓气流下沉。这说明很可能正电核受下侧的云层水滴（带负电核）的吸引，同样负电核受上部正电核吸引。如果这样，雨滴碰撞，电核就会分离，下沉的云中微粒很可能捕获负离子。

这一机制最重要的部分发生在当水结冰成雹粒时。当超冷水滴结冰时形成雹块，结冰从外向内，氢离子向较冷地区移动，所以雹块外冰壳H^+占绝对优势，其内部为液体，羟基（OH^-）占优势。进一步结冰时，雹块内部膨胀，外壳裂开，释放出带有正电核的小碎冰片（因为H^+）。这些小碎片极其微小，质量很轻，被上升气流带到云层上部。而带有负电核（OH^-）的雹块越沉，其下沉得越低。

大气是很好的绝缘体，但最后由电核分离产生的电场其电压为300万伏特/英寸（984 000伏特/米），不再绝缘。如果一道闪电划过，闪电在云层内部或两个云层之间，我们就会看到白色的亮光，我们称之为“片状闪电”。

叉状闪电是位于云团带有负电核的底部和地面带有正电核的局部区域之间的一道亮光，其路径很不规则，空气不会产生很大阻力。闪击开始于*梯形先导*，这样就出现了约8英寸（20厘米）宽的路线，其中大气离子化——被剥夺了电子——所以这条路线大气带电了。

在它到达地面之前，梯形先导引起了回击（逆程）。回击沿同一离子化路线向上前进，极为明亮，这也是人眼所见到的闪电。梯形先导和回击使云层基部电核中性化，但海拔较高处又产生新的闪电，回击与下窜先导（激射导流）一起，沿已存在的路径返回。一道闪电由3—4个分开的闪击构成。

闪电闪击很少超过0.2秒。但短时间内却释放了大量能量，瞬间放电使闪电通过的大气被加热升温，不到1秒之内达到54 000℉（30 000℃）。空气膨胀的速度太快，因此爆炸，产生了振荡波，即我们听到的雷声。这些振荡波的速度为声速，比光速要慢一些。所以，如果对远处风暴进行观察，我们先看到闪电，后听到雷声。在距风暴1英里处，我们只有在闪电持续了5秒后，才能听到雷声（若距1公里远，闪电持续3秒后才能听到雷声）。

雷声隆隆作响，持续几秒。这是因为一束闪电大约长达1英里（1.6公里），不规则的形状说明了闪电的某些地方离观察者较其他地区近一些。从距离最近的闪击发出的雷声，首先让观察者听到，之后才是距离较远的雷声。雷声传送时，声波为大气所抑制，并被向上折射，这是气温随高度递减造成的。首先高频率即高调声音尽失，所以雷声低沉。距风暴地超过6英里（10公里），我们很少能听见雷声，因为超过了此距离，一切声波尽失。

降水

降水当然是在这令人害怕、担忧的暴风云下方降落的，且很沉。

云层上部，绝大多数水结冰，冰晶凝结成块，结成雪花。这些雪花是否能落地取决于它们降落过程中所经历的大气温度。冰点高度是气温为32℉（0℃）的高度，冰点高度越低，越容易出现降雪。若冰点高度超过1 000英尺（300米），地面上很难有雪。

在我们设想的云团中，冰点高度为2 000英尺（600米），所以雪花与冰晶降落时要在高于冰点的大气层中走很长一段距离。如果冰点高度为1 000英尺（300米），上升凝结高度为500英尺（150米），大气地面温度为36.25℉（2.36℃），而不是我们认为的40℉（4℃），但还在冰点以上。

听起来若此云不下雪，一定是雨了，但可能不会如你所愿。空气越过山峦（地形上升），大气被迫上升。在锋面上，冷空气直插入暖空气下方，抬高暖空气，空气不稳定。实际上，风暴是如何开始的，从这里我们就可以找到解释了。

暖空气温度开始时与地表温度40℉（4.4℃）相同，500英尺（150米）高度的云团底部温度为37.25℉（2.9℃），1 000英尺（300米）高度气温为33.75℉（2℃）。在这些温度下，冰雪不能快速融化。但要记住，空气已爬到了山坡上或锋面上。云团于500英尺（150米）处形成，这里气温很低，水蒸气凝结。我们可以观察到，云团底部沿斜坡爬升，如图50所示。降水当然不是沿斜坡方向与之平行，而是垂直方向（可以为风所驱赶、控制）。如果坡度是在山坡上形成的，那么山坡这里是降水的地方。如果坡度是锋面坡度，降水就会通过锋面区在下面的空气中降落（见图50）。

即使在500英尺（150米）高度云团内部气温为37.25℉（2.9℃），邻近冷空气温度也能达到28.55℉（–1.9℃）。海拔较高的

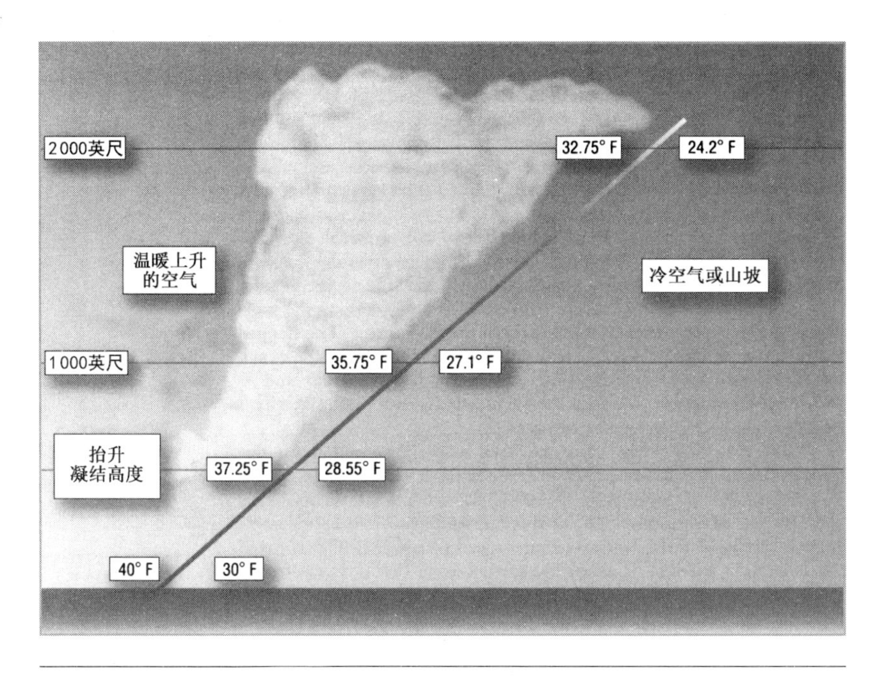

图50 沿斜坡发展形成的风暴

降水离开云层时温度仅略高于冰点，一路上却经历了温度极低的大气降落在地面上，形式当然是雪。

如果雪在1 500英尺（300米）高空形成，但如果下面温度很高，雪也不会降落于地。即使在仲夏，中纬地区产生阵雨和风暴的云团里面满是雪，但落地前全部融化成水，以雨的形式降落。很明显，雪降落之前需低温，另外，产雪的空气必须温度略高一点，这点可能不太明显。

二十一 湖泊效应

2001年圣诞除夕夜，一场暴风雪袭击了纽约州；当新年这一天风雪结束时，布法罗积雪深达81.6英寸（2米）。这真是一场特大暴风雪，极具破坏力，但这不足为奇，布法罗人已习惯冬雪，这样的暴风雪也不止一次袭击过该城：1937年12月，一天之内，整座城市降雪深达4英尺（1.2米）。

2002年12月2日，轮到纽约的艾斯威尔了，仅一场暴风雪，积雪深度就达26英尺（66厘米）。2002—2003年冬季北半球要比以前寒冷，暴风雪尤为严重。1月10—12日，纽约州西部每小时降雪速度为4—5英寸（10—12.5厘米），布法罗南部某县的降雪速度为每小时24英寸（61厘米）。几天后出现了另外一场暴风雪，在奥斯维戈，9小时之内，降雪24英寸（61厘米），在西黎登为40英寸（1米）。奥斯维戈经常降雪，1966年1月27—31日的那场暴风雪，积雪深达8.5英尺（2.59米）。

1976—1977年冬季出现了另外一场暴风雪。1月，纽约州的胡克积雪深达12.4英尺（3.78米）。那年整个冬天，胡克积雪总计深达39英尺（11.86米）。这个深度可以埋掉两层高的楼房。

密歇根州部的部分地区一个冬季降雪深达33英尺（10米），整个州的平均积雪深度为16英尺（5米）。每天降雪量当然不是平均的，大部分是暴风雪期间特别是有雪暴出现时产生的。

当大气穿越水面时

所有这些地区都在五大湖区东部，这里的严重降雪对美国和加拿大造成一定的影响——从明尼苏达东部、西部的曼尼托巴到宾夕法尼亚、纽约、安大略东部和东部的魁北克。以雪的形式降落的湿气其实来自五大湖区。多年来，这个地区虽离五大湖区稍远一些，但降雪量比同纬度其他地区要大得多。这个地区有一个雪带从湖边开始一直朝下风向延伸，达50英里（80公里）。

随着秋天的到来，五大湖区逐渐变冷，进入冬季时没有冰（参见“比热与黑体”）。有时候冬季，水根本不结冰，整个冬季，湖面水温为零上。

气团主要从西向东穿越北美洲。当陆地将其夏季吸收的热辐射掉，大陆气团变得很冷。极地气团不时南下到大陆上空，温度急速降低（参见“冷锋”）。当极地气团行经湖面时，温度极低的空气与相对温暖的水面接触，气团下部温度升高，当升至一定温度时，水蒸发到气团里。

现在冷气团下面是一层温暖、潮湿的大气。寒冷、密度大的气团下沉，使暖空气上升。暖空气上升时温度降低，水蒸气凝结，空气不太稳定（参见“特大暴风雪及形成原因”）。空气上升时，云朵开始形成。云一般为层云、层积云或大片积云，这取决于其湿度的高低。一般空气在五大湖区上空行进一半时，会形成云，云随大气环流向东漂移。

之后，大气再次来到寒冷的大陆上空，与地面接触减缓了大气的移动速度。从湖面上飘过来的大气不断在美国的利海海岸积聚，两种气团的聚合使暖气团上升，云层加厚，开始降水——当然为雪的形式，因为下沉的空气温度太低了（参见图51）。

图51　湖泊效应

降雪地点与降雪量

雪降落地点取决于使云移动的风向和风速，两者是可变的。如在路线中偏离1°—2°，到暴风雪前进了50英里（80公里）时，雪带就会有1—2英里（1.6—3.2公里）的偏差。风速决定了暴风雪行进多远，风越强烈，其携带的雪走得越远。晚秋与初冬时节，雪行进的距离最远。

雪量依然可变，冷气团与水温差别最大时，雪量最大。水温越高，冷气团温度越低，内含水蒸气就越多。如果大气转冷，周围大陆温度也会降低，带来快速冷凝和降水，一般12月、1月份容易出现这种温度。降雪量也要看*吹送距离*——空气在水面行进的距离。空气与水面接触时间越长，水就会在更长时间内蒸发到大气中。

如果湖面结冰，不会出现水蒸气供给，雪带效应就会停止。

不仅五大湖区如此

也有其他水域——海和湖——产生面积较小的雪带，其中一些在北美。马萨诸塞州的科德角经历过严重的暴风雪，但这里不属于五大湖区雪带。冬季绝大部分时间，以魁北克为中心的高压区使科德角产生了降雪，大气顺时针环绕高压中心循环流动（北半球）。这样，大气环流使极地气团向南流经大西洋，到达北美海岸。气团从东北方向向南穿越墨西哥湾温暖水域，离洋面近的空气温度上升，水蒸发，当它接近海岸时，不稳定的大气开始上升，云随后形成，发生降雪。

湾流流动时几乎与美国大西洋海岸线平行，所以说海洋引起的湖泊效应在沿海的其他地区也会发生。穿越湾流的东风以漏斗状插入长岛海峡，给纽约和新泽西州带来严重降雪。沿切萨皮克湾吹向内陆的东南风给巴尔的摩带来降雪。雪虽然是大洋而不是湖泊带来的，我们依然称之为湖泊效应雪。

犹他州的大盐湖也有一条雪带，直达南部地区。因为盐湖水咸，所以冬季不结冰。当冷气团南下穿越大盐湖时，从利海海岸开始向南，内陆会有严重暴风雪。

湾流在到达加拿大前，向东穿越大洋流动，最后湾流的暖水不会在加拿大产生湖泊效应雪。但加拿大有两个大水域，可以产生湖泊效应暴风雪。哈得孙湾和圣劳伦斯湾使大气充满可能产生雪的水蒸气。空气流动到大陆区域。一般1月份哈得孙湾开始封冻，湖泊效应结束，但圣劳伦斯河整个冬季都不会结冰。

欧洲与亚洲的湖泊效应

就雪带来说，没有其他大陆可以同北美东北部的雪带相匹敌，因为没有哪个大陆拥有像五大湖区这样的水域；它处于绝佳位置，产生了如此完美的雪带。西伯利亚的贝加尔湖是世界第八大湖，影响着周围地区的气候，周围地区冬暖夏凉；但秋天产生了雾而非雪，到12月中旬就完全封冻了。

这并不是说，欧洲与亚洲没有雪带。每年秋季，西伯利亚气温下降时，寒冷、密度较大的空气下沉，产生了大面积的冷高压。大气从冷高压向外流动，穿过俄罗斯西部的拉多加湖，然后向西穿过芬兰湾、波罗的海，如图52所示。穿过芬兰湾、波罗的海后，寒冷干燥的大气与较为温暖的海水（温度还是比较低）相互接触，获得了水蒸气；到达瑞典东岸时，这潮湿、相对比较温暖的大气在穿越海岸后开始冷却，在这个国家东南部地区会有积雪，这就是湖泊效应雪。

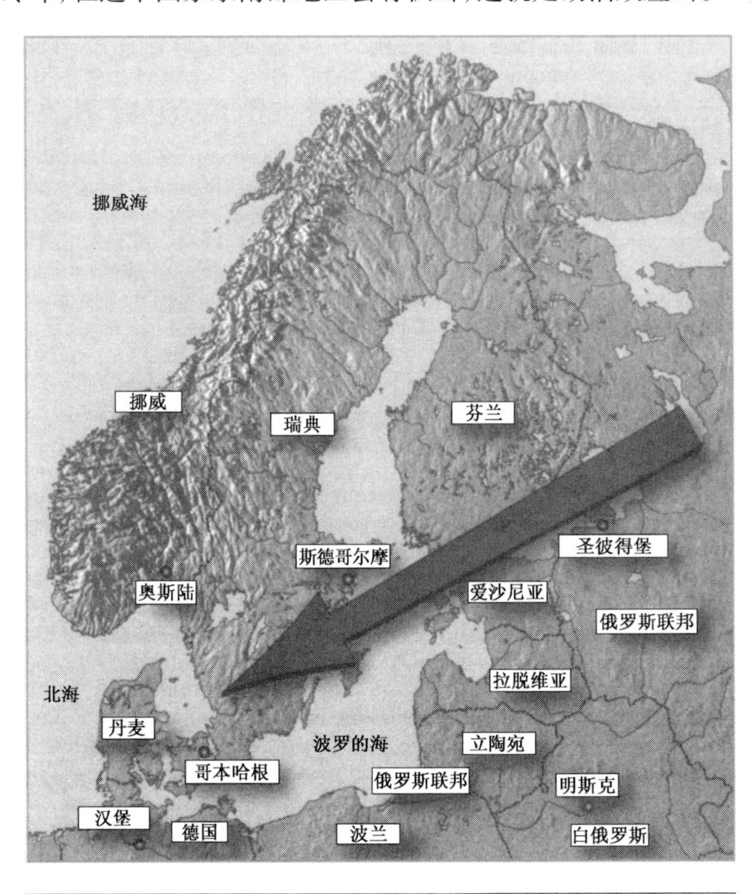

图52　瑞典东部的湖泊效应

西伯利亚大气向东流动，远离冬季冷高压中心。大气穿越蒙古干旱贫瘠的高地和戈壁沙漠，给中国北部带来了干冷的天气。例如，哈尔滨的年平均降水量为21.8英寸（553毫米），但10月末至3月初，降水量仅为1英寸（25毫米）。如图所示，大气穿越海岸，在北部集结了来自日本海的水蒸气，在到达日本的本州和北海道的西海岸时大气相对比较潮湿温暖。温暖的黑潮（台湾暖流）流经日本海，使气温升高。俄罗斯的符拉迪沃斯托克（中国传统称海参崴）1月份平均气温为7.3℉（–13.7℃），而位于日本海正对面的日本新潟（日本本州岛中北岸港市）平均气温为34.5℉（1.4℃）。当大气穿越日本海岸时，被迫超过高山沿两岛西侧前行，并出现了湖泊效应雪，沉积下来。

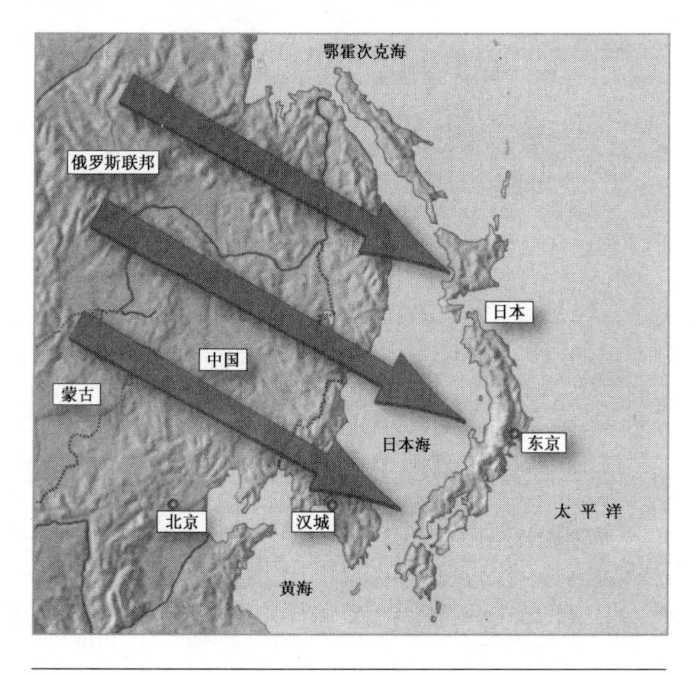

图53　韩国和日本的湖泊效应

再往南，西伯利亚大气穿越黄海，获得了水蒸气，在朝鲜半岛的西部积聚下来。那儿的效应不很明显，因为大气穿越黄海的水面距离比穿越日本海的距离少。

优点与缺陷

厚重的积雪会阻塞交通，压断电线与电话线，学校、商店关闭，生意停顿，但这些困难可以克服。如果大家都知道要下雪了，做好充分的准备就可以减少不便，甚至还可以利用降雪，使之成为优势。

北美东部的一些冬季度假胜地往往位于雪带地区。每年冬季，安大略湖东侧的群山积雪平均为17英尺（5米），这是落基山脉东侧积雪最深的地方。

虽然如此，北美的湖泊效应不仅仅限于冬季。夏季，越过五大湖区向西运动的大气给土地带来了雨水，否则，土地会异常干燥。湖泊效应非常微弱，但足以让当地农民种植土豆、蔬菜和水果，并且使草原生长茂盛，使农牧业获得丰收。缅因州的班戈市位于南纬44.80°，明尼苏达州的明尼阿波罗市位于北纬44.88°，班戈市年平均降雨量（冬季降雪）为40英寸（1 016毫米），而明尼阿波罗市为27.6英寸（701毫米）。

雨水不仅有利于园艺和农作物，湖泊效应还推迟了春季的到来，因雪融化需要一定时间，湖泊升温很慢，雪带地区的温度还是处于植物生长的最小值以下。这是一个有利因素，因为植物是在冬季最后一场霜过后才开始生长，这样不易受到霜害的侵袭。

湖泊效应能调节夏季气温。班戈市夏季（6—8月份）平均气温为66℉（19℃），而明尼阿波罗市为71℉（22℃）——两个数值的测量地都是在飞机场。差异很小，但让人费解。因为明尼波罗市海拔833英尺（254米），班戈市海拔183英尺（56米）。若用两座城市的海拔差异来测算，以每升高1 000英尺、温度降低3.6℉（6.5℃/公里）的温度直减率为依据，那么两座城市夏季平均温差为8.3℉（4.6℃）。两座城市调整后的冬季温差不大，所以这只是夏季效应。

斯堪的纳维亚和东亚没有享受到夏季湖泊效应的好处。中亚气温升高时，冬季控制大陆天气的西伯利亚高压力量削弱，总体上为低压所代替。大气从西侧来到欧洲上空，包括瑞典。日本经历了亚洲夏季季风，西南风和南风沿岛屿海岸线方向吹送雨水，而没有深入海岛。夏季季风规模不大，但也能带来暴雨。

二十二

寒流

1978年1月，欧洲大部分地区从英国南部至意大利北部，天气异常寒冷。一些地区气温达到20世纪以来最低。来自西伯利亚的寒风在大陆上空吹过，带来了严重降雪。

欧洲人冻得浑身打战，而美国人却在享受着少见的迷人冬日。温暖天气持续到4月份，之后中部和南部各洲天气转冷。来自北部的风称为*强北风*，带来一股冷风，从加拿大极地地区南下沿落基山脉东侧吹下。这确实让人不舒服，但也给人送来福音：低温使产生龙卷风的恶劣条件难以形成——温暖的冬日阳光和高湿度会产生极不稳定的空气。一般情况下，4月份最容易出现龙卷风，大约有100多次，而1987年4月龙卷风的记录为20次，也就是说，这一年的龙卷风少于平常。

这样的寒冷天气时间段称为*寒流*，与热浪相反。寒流突然到来，气温迅速下降。在美国北部、东北部和中部地区，寒流被定义为温度在24小时之内至少从开始的20℉（11℃）跌至低于10℉（–18℃）的温度。在加利福尼亚、佛罗里达和墨西哥湾沿海各州，温度在24小时之内从16℉（9℃）跌至低于32℉（0℃）。

世界其他地区没有对寒流下过如此精确的定义，但寒流的出现并非仅限于北美。中纬度地区也有可能出现寒流，但成因不同。

1899年2月的大寒流

北美寒流使极地气团南下，这温度极低的冷气团不时地在大陆的绝大部分地区飘移。1899年1月29日—2月13日发生了2次寒流，气温降至0℉（–18℃）以下，南至佛罗里达的狭长地带。2月13日，塔拉哈西地区温度为–2℉（–19℃）。冷气团于2月11日覆盖了得克萨斯州，沃思堡温度为–8℉（–22℃），坦普尔为–20℃（–4℉），图利亚也出现了其最低温度的历史记录，–23℉（–30℃）——一直到1933年才出现与此相同的记录。2月17日，冰沿密西西比河向前漂移，经过新奥尔良，抵达墨西哥湾；在一些地区，密西西比河结冰厚达1英寸（2.5厘米）。

1899年2月大寒流确实是史载最严重的寒流之一，但这仅仅是依据它所影响的地理范围做如此评判的。纽约州的阿尔伯尼，1979年1月20日—2月3日、2月9日—18日，气温一直在0℉（–18℃）以下。每年冬季，蒙大拿州的寒流侵袭高达12次。1954年1月20日，离赫勒纳（蒙大拿州首府）西北64公里（40英里）的罗杰斯峡道温度低达–70℉（–57℃），此温度为美国史载最低温度。清晨，赫勒纳气温为–36℉（–38℃）。

寒冷带来危险

快速降温极具破坏力。公路因积雪受阻，铁轨上满是冰，管道冻结，电话线、电线因积雪过沉而折断。

低温确实非常危险。1987年的欧洲寒流夺去了300条人命，每年美国的寒流使350人丧生，这都是天气所造成的。突然降温使老年人和体弱者的死亡进一步加快。据估计，在英国，与同一时期的年平均死亡人数相比，1987年的寒流使死亡人数增加了2 000人。

低温不仅给人类带来了危险，牲畜也深受其害。野生动物因食物被冻、被埋而处于饥饿状态。

人类历史中寒流不断出现，但仅仅影响中纬度地区，与长期的气候变迁趋势无关。无论全球气候是冷是暖，寒流都会出现，给人类带来痛苦，就好像是极地冬季入侵，两者确实比较相似。

冷锋急流

中纬度地区是极地气团和热带气团相遇之地，这也是大气环流的一部分（参见补充信息栏：大气环流）。在赤道，暖空气上升，有时在高6万英尺（18.3公里）云团中才失去大部分湿气，这就是为什么赤道地区气候湿润的原因。在高海拔地区，大气从赤道向南北移动。天异常寒冷，在南北纬30°暖气团与向赤道移动的大气相遇。汇聚的大气在亚热带下沉，绝热升温。因其在温度降低时失去了水气（参见“为什么暖空气比冷空气富含更多水分”），下沉的大气十分干燥，在南北半球产生了沙漠气候。一些大气流回海拔低的赤道地区，一些从赤道流走。南北极高海拔地区，气温极低，空气密度较大，所以大气下沉。在低海拔地区，大气从极地流走。在大约南北纬50°地区，从极地流出的冷气团与来自赤道的暖气团相遇。汇聚的大气上升，在高海拔地区，一些大气流向极地，一些返回赤道。

在极地气团与赤道气团汇聚处，称作*冷锋*的交界把两者截然分开，一直延伸至对流层顶，大约4万英尺（12.2公里）的高空。因赤道气团比极地气团温暖，密度较小，越升越高，暖空气在冷空气上方。对流层上两种气团的温差最为明显。正是因为温差，风产生了，即*极锋急流*，沿锋面坡度向上方急吹，到顶端时风力最大（参见补充信息栏：急流）。

中纬度地区急流一般是大气的从西向东移动，但风力和地点不同。夏季，高纬度地区气温升高时，极地和赤道两地温差减小。急流是赤道与极地的温差而产生的。差异减小时，从西向东循环会减弱，极锋急流向极地方向移动，穿越与北美五大湖区、欧洲西班牙这一同纬度的区域。冬季，急流向赤道方向移动，在北美，从墨西哥移动到北卡罗来纳，而在大西洋的另一侧，它来到南部地中海。

但是，这些只是极锋急流出现的常见地理位置，极锋急流是不断变化的。春秋两季，它在冬夏位置之间移动，尤其在晚冬时节，它完全会破坏已持续了3—8周的*指数循环*。纬度方向的移动称为*纬*

向，移动的纬向为分数值，称为*纬向指数*。纬向环流（西风）强度的纬向环流指数变化出现循环特征，这是指数循环。如图54所示，每个指数循环都开始于东西向急流的一系列波动、起伏。波动起伏很大，一直持续到某地吹来北风，其他地点吹来南风，但整个大气运动方向依然从西向东。之后急流暂时停止，不久之后势力重新强大，急流逐渐停止，方向是从东向西。

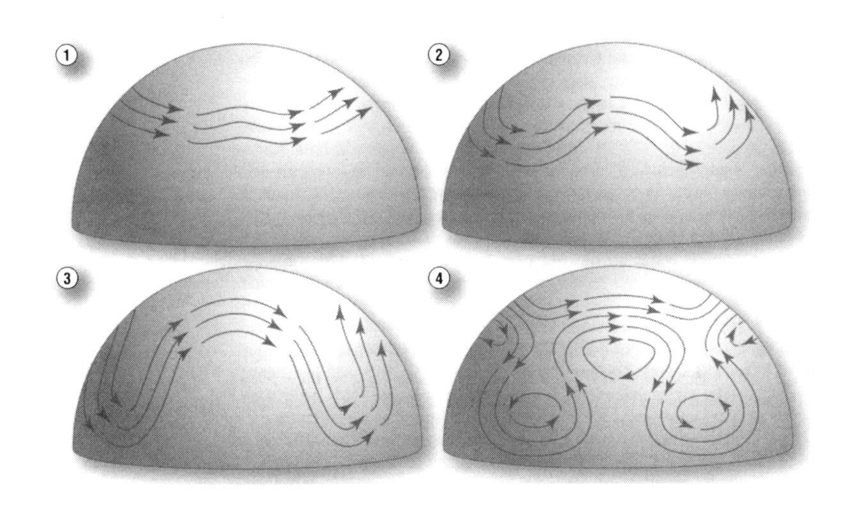

图54　指数循环的四个阶段

吸引暖气团北上、冷气团南下

中纬度地区的天气系统通常从西向东移动，其中有低气压，紧挨着海拔较高的西风急流。如果发生变化，急流就要穿越纬度线，而不是与之平行，大气环流和低海拔地区的天气系统要随之发生变化，这就意味着有些地区大部分区域的大气被吸纳向北移动。

急流流动时与冷锋平行，所以北半球极地气团在急流北侧，热带气团在其南侧。秋季冷锋向南移动时，其后的极地气团不断延伸，覆盖了冷锋北部的区域。在急流之下运动的低气压带来了暖空气，也不断延伸。大陆气候与海洋气候相比，会带来更寒冷的冬天。

急流的波动说明冷锋也会有波动。结果当急流和锋面向南弯曲时，把极地气团带到锋面北部区域。而在锋面向北弯曲的地方，热带气团就会延伸到锋面后部地区。波锋顺锋面向北延伸，称为*高压脊*，向南倾斜延伸称为*低压槽*。高压脊使天气温暖宜人，因赤道气团向北移动，而低压槽却带来极地气团。极地气团向南延伸，因极地气团的突然入侵产生的寒流会侵入阿拉巴马和佛罗里达，有时造成恶果。生活在此地区的人们已习惯了亚热带气候，从未料想到寒流会突然到来。

1965年，这两个州的寒流使许多人丧命，而且寒流还席卷了得克萨斯州。1933年2月7日，沃斯堡气温从午夜57℉（14℃）降至第二天早晨8点钟的10℉（–12℃），第二天西米诺尔气温为–23℉（–30℃），这与1899年史载最低气温相同。

阻塞

急流崩溃，天气系统的移动停止，寒流侵入。因急流崩溃，使静止的大片气团受到隔离。在高纬度地区这些隔离的气团由密度较大的空气组成，相对气压较高（称为*反气旋*），在冬季为寒冷的极地气团。当西行的低气压系统恢复运动时，这些高压便阻塞它们的路径，使之向南或向北偏移，阻塞有时能持续几周。

例如，1963年1—3月上旬，整个英伦岛上空为阻塞力很大的反气旋，反气旋带来了美好的天气，万里无云。澄澈的天空使夜晚很冷，因为没有可以把地辐射出的热加以吸收的云团。而在南部，阻塞很常见，因为存在着带来湿润而宜人的天气的静止气压。如图54所示，大气环绕北部隔离区间，呈顺时针或*反气旋*流动，产生了高气压，之后环绕南部的隔离区间，呈逆时针或*气旋*流动，产生了低气压。

寒流的产生不是与冬季反气旋相连的总的天气状况造成的，而是呈反气旋流动的气流造成的。在北半球，大气绕反气旋以顺时针方向流动，在静止的反气旋东侧，顺时针方向流动可将北部的大气吸引过来。在北美上空，这是来自加拿大北部和北冰洋高地的寒冷极地气团。在西欧，起阻塞作用的反气旋会一直延伸到北部，使绝大部分地区受高气压中心南侧的东风影响，东风把中亚地区的极冷大气吸纳进来。

起阻塞作用的反气旋当然也会在夏季出现，带来温暖、干爽的好天气，并持续很长时间。如果阻塞继续下去，美好的夏季就会出现干旱。

二十三

冰暴

早期的飞机在晴天起飞，低空飞行。直到飞机配备了可靠的飞行仪表后，飞行员才敢穿越云层，而不是绕云层或在下面飞行。后来，仪表飞行被纳入飞行员的训练课程，另外还设置了起飞、飞行等必修课程，增加了表演特技，以及将飞行员座舱里的窗户用不透明材料遮盖起来，让飞行员飞行的训练。

飞行员可以通过飞行仪表了解飞机姿态、飞行高度、速度及飞行方向，这样一来，飞机确实可以在不良天气状况下飞行。既然取得了如此巨大的进步，人们自然想让飞机在更高空间飞行，并想改进飞机的框架和发动机。

不久，飞行出现了问题。当飞机穿越一些云层时，机翼与机尾结冰。如果不快速把冰除掉，机翼上就会结一层冰，影响飞行。结冰严重的机翼不能再使飞机悬浮于空中，结冰还会把机表诸如登梯、副翼和方向舵上的折叶堵塞。在“除冰靴”发明以前，冰冻引发了许多次飞机失事。但如果把“除冰靴”这些可膨胀性质的胶皮垫装在机翼和机尾的主沿上，通过它们的膨胀和收缩能使形成的冰破碎。另外，现代许多飞机装备了融化冰的加热器。即使没有除冰设备，飞行员凭借平时的训练，也能认识和避免有可能引起结冰的云型。

人工降雨研究

第二次世界大战时，结冰成了一个严重的问题，人们开始对其成因进行研究，并逐步加深。1946年，温森特·谢勒（1906—1993）和伯纳德·沃奈特（1914—1997）在纽约州斯克内克塔迪的电学研究综合实验室对结冰进行了研究。他们使用一个冰冻盒子，往里面投放了一些固体颗粒，看看是否会有冰晶形成。这一年7月，热浪来袭了这个地区，很难让盒子达到他们需要的温度。7月13日，谢勒使用碎干冰（固体二氧化碳）来降温：把干冰撒在盒子里，冰晶立刻形成，盒子里面出现了小规模的暴风雪。谢勒发现了云是如何形成和降水的——他发明了*云的催化*（参见补充信息栏：云的催化）。1946年11月13日，他在马萨诸塞州的皮茨菲尔德乘飞机在空中试验，制造了一场暴风雪。

在谢勒取得这一发现不久，沃奈特发现了当把碘化银点燃，让气体进入盒子，也会形成冰晶。碘化银使用起来更方便——但今天，这两种方法我们都使用。

补充信息栏　云的催化

几个世纪以来，人们一直梦想能阻止雹暴破坏庄稼，能在焦土上空制造云团降雨，从而控制天气。以前，人们一直认为一场大内战过后经常下雨，所以1891年怀着这种念头，有人做了一个早期的科技实验，向空中发射子弹，用风筝和气球携带爆炸物进入低云层，然后引爆。飞机能在云层上面飞行之后，人们想从上面往云团中扔沙子。

这些试验都针对一个目标——降雨。向天上垂直发射迫击炮，进入云朵后阻止雹暴形成。这个办法很流行，到1899年止，整个欧洲有几千门“雹炮”专门用于阻止雹暴。20世纪60年代，俄罗斯为了达到这个目的，动用了火箭和炮弹。

可是这些试验无一成功。尽管人们不断使用雹炮和火箭，没有丝毫作用，雹暴还是频频出现，毫无变化可言，所以人们不再使用。

现代我们所使用的云的催化，其原理与上面提到的不同。这涉及把合适的材料注入过于饱和大气（大气相对湿度大于100%），从而引发水的凝结。使用最为广泛的是碘化银，但固体二氧化碳——“干冰”也很有效。盐晶、火山灰、干黏土颗粒、某些蛋白质及某种细菌也可用于此。

固体颗粒是云凝结核，水蒸气在上面凝结，形成云滴。盐晶比绝大多数云滴大，所以能形成更大云滴。重力使这些云滴降落，在降落过程中，与其他小云滴结合。其他固体颗粒使冰晶形成。

每种物质，当处于它们自身严格要求的温度范围内，能达到最高效率。当碘化银和干冰温度处于5℉—23℉（–15℃——5℃）时，效率最高。

从云层上方投下固体颗粒，也可从地表向上注入固体颗粒。燃烧碘化银，让烟雾飘入目标云团，在那儿它可以重新结晶。

将豌豆那么大的干冰从上方掷入云团，当温度超过–109.3℉（–78.5℃）时，干冰升华，从周围大气中吸收潜热，与此同时，温度的突然降低使冰结晶。

可以向云团中释放冻结核阻止雹暴——因过冷水蒸气可以在冻结核上结冰。一架飞机在积雨风暴云下方飞行，将固体颗粒释放到上升气流。这些固体颗粒使许多冰晶形成，耗尽了云朵中的过冷水滴。水转化成许多小冰晶，所以不能在冰丸上积聚成雹块。

云的催化会不会取得预想的效果，很难说，因为有的时候它可能会带来降雨，但一切证据表明云的催化至少可以增加5%的降水量。

大家以前都认为水在32℉（0℃）时冷却，立刻结冰。冰晶和雪花对飞机无害，因为它们不会黏在飞机平滑的机身上，因此结冰真是一个谜，本不应该发生。虽然如此，但事实上，云滴在变成冰之前温度必须在冰点以下。超冷水滴很常见，是它们引起结冰。当它们与任何物体表面接触时，立即结冰，并紧紧地凝结在物体上，所以飞机在飞越过冷云朵时会将路途上的云滴全部清除。

地面结冰

飞机结冰富有戏剧性，让人始料未及，但这与地表结冰相同。树、天线杆往往会在一侧结厚冰，空中电线、电话线外面有时结了一层比本身还厚的冰，这就是冰暴。

一般情况下，冰暴大部分出现在暖锋前方，如图55所示。锋面

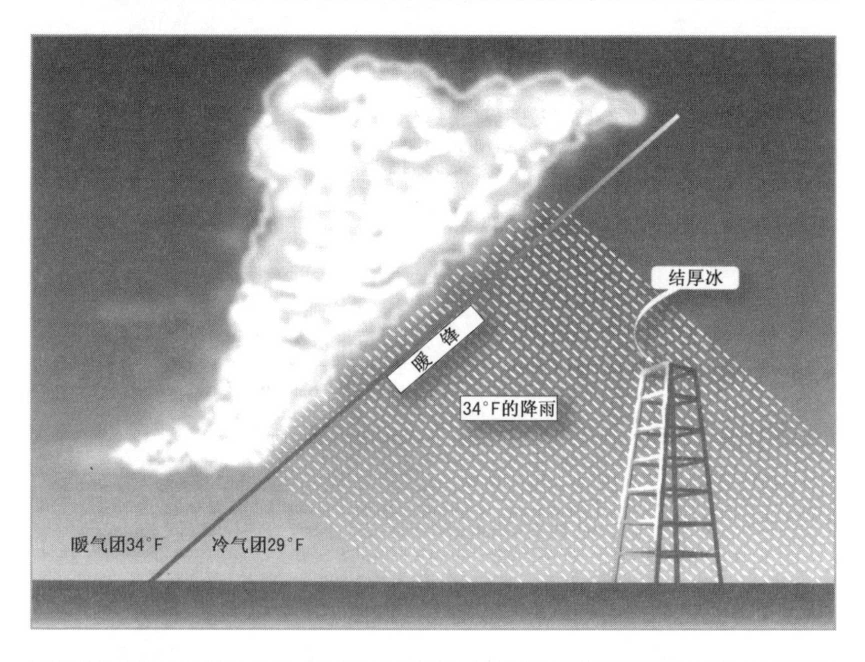

图55　冰暴的后果

前方的冷气团温度一般为–29℉（–1.7℃），冷气团中的物体与此温度相同。在锋面后方，暖气团温度为34℉（1℃）。雨通过锋面降落，进入冷气团。当穿过冷气团时，雨点温度稍微降低，当打在物体表面时，雨到了结冰的温度。

冰暴产生需要大雨和风，当降水被风吹打到物体表面上，之后垂直降落。如图55所示，天线结了厚厚一层冰，其表面的温度处于零下。雨滴降落时，与天线表面接触的那一部分立即结冰，其余部分流向两侧，一经接触，也会结冰。不久，没有遮盖的天线表面就会覆盖一层冰。

冰暴后果

冰暴的后果令人惊异不止。高地的天线杆上结了大约1英尺（30厘米）厚的冰，有可能更厚。海里的船只，其天线装置和舷外铁架上也积了厚厚一层冰。

冰暴给人的印象分外迷人，极具浪漫色彩，但它其实会产生巨大的破坏力。冰很沉，1940年1月英格兰南部一场冰暴过后，发现两根电线杆间断了的电话线载冰的重量为1 000磅（450公斤）。当冰的重量达到12英吨（11公吨）重时，一些电线杆就会被压断。

现代最严重的一场冰暴出现于1998年1月5—9日，给美国东北部和加拿大东部造成了一定的影响。比3英寸（76毫米）还要深的冻雨在一些地区降落，物体表面冰的厚度为1英寸（25毫米）或更厚。在加拿大，3万根木头电线杆和1 000个电塔倒下了，300万人遭遇断电，10万人被迫在棚子里避难，260万人很难去上班，或根本不能去上班，这一数字占全国劳动力的19%。在纽约州的边远地区，北新罕布什尔、佛蒙特州、缅因州，大约50万人遭遇断电，其中包括缅因州80%的人。44人在冰暴中丧生——加拿大籍28人，纽约州9人，缅因州5人，新罕布什尔州2人。此次冰暴给加拿大造成了3亿美元损失，而美国的损失达1.4亿美元。

冰暴给野生动物带来的灾难更深重。在树上栖息的鸟儿被冻结在树枝上，死于饥饿，而在地面上生活的鸟儿因翅膀盖了一层冰也被冻结在地面上。出门觅食的猫在爪子冻在地面上后，难以挪动，悲惨地结束生命。

二十四

风寒、冻伤、降温和雪寒

冬季风天出门，会感到很冷。本知道没有降温，但还是觉得比刮风前冷。如果找个避风处躲避，你马上就会感到稍微温暖了一些。其实在外面的空地上，你所遭受的是*风寒*。

天气预报经常提到“风寒指数”，并把它作为一个温度，但比预测的温度要低。很明显，既然风是流动的大气，自然不能比大气还冷，所以把风寒指数作为温度，让人迷惑不解。我们说天气预报员把风寒作为温度进行预报，是因为在天气预报中所使用的单位比真正应该使用的人所熟悉得多，一般风寒指数的单位为卡、焦耳/平方英尺或厘米/秒，它们测量的当然不是温度，而是物体失热的速度。

我们的身体保持一个内部常温，如果内温的变化在一个狭小区域之外，我们就会生病。衣服使人温暖，因为这样一来，皮肤散热的速度较慢。我们身体的周围有一层暖空气，只有几个分子那么厚。衣服可以让空气留在纤维之间的狭小空间中，我们身体周围的暖空气使纤维内部气温升高，空气只能透过衣服缓慢地向外逃散，这就是为什么衣服能保暖的原因。如果我们穿了太多的衣服，就会感到非常热，极不舒适。

通常情况下，我们当然不能全身捂得严严的，丝毫不露，即使冬天也不能，比如脸会露出来、不总戴手套。脸和手的面积占全身的10%，再加上腿的面积可达30%，但我们皮肤为一层暖空气所包围，风和日丽时我们外面仍有一层防止热量散失的保护层。

而这儿正是风着手攻击的地方，它把这薄薄的一层暖空气清除，首先是皮肤表层的，然后是衣服纤维内部的。我们的身体作出反应，产生更多的热，但如果生热的速度不如风除热的速度快，皮肤就会降温，我们就有冷的感觉，会感到气温比真正的温度低得多。

计算风寒指数

风让我们感到冷，而冷的程度取决于气温和风速。我们可以精确地计算风寒指数。例如，在气温为40℉（4.4℃），风速每小时10英里（16公里）时，身体失热速度与气温为34℉（1℃），与无风时身体失热速度相同。如果你的穿着与冬天匹配，一点事情也没有。但如果温度再稍微低一些的话，问题就严重了。

当温度降低，风速增加时，风寒会迅速增加。当风速达到大约每小时5英里（8公里）时，尤其当风速增至每小时15英里（24

公里）时还继续快速地递增，就会出现风寒。之后，风寒缓慢地增强，但比较平稳（参见表5“风寒”所显示出的风寒效果）。例如，当温度计的指针为0℉（−18℃）、风速为每小时15英里（24公里）时到户外去，我们感到气温好像到了−19℉（−28℃），这是因为你的皮肤在降温，其实同在无风的大气中降温速度是相同的。

表5 风 寒

风速（英里/小时）	温度（℉）																	
平静	40	35	30	25	20	15	10	5	0	-5	-10	-15	-20	-25	-30	-35	-40	-45
5	36	31	25	19	13	7	1	-5	-11	-16	-22	-28	-34	-40	-46	-52	-57	-63
10	34	27	21	15	9	3	-4	-10	-16	-22	-28	-35	-41	-47	-53	-59	-66	-72
15	32	25	19	13	6	0	-7	-13	-19	-26	-32	-39	-45	-51	-58	-64	-71	-77
20	30	24	17	11	4	-2	-9	-15	-22	-29	-35	-42	-48	-55	-61	-68	-74	-81
25	29	23	16	9	3	-4	-11	-17	-24	-31	-37	-44	-51	-58	-64	-71	-78	-84
30	28	22	15	8	1	-5	-12	-19	-26	-33	-39	-46	-53	-60	-67	-73	-80	-87
35	28	21	14	7	0	-7	-14	-21	-27	-34	-41	-48	-55	-62	-69	-76	-82	-89
40	27	20	13	6	-1	-8	-15	-22	-29	-36	-43	-50	-57	-64	-71	-78	-84	-91
45	26	19	12	5	-2	-9	-16	-23	-30	-37	-44	-51	-58	-65	-72	-79	-86	-93
50	26	19	12	4	-3	-10	-17	-24	-31	-38	-45	-52	-60	-67	-74	-81	-88	-95
55	25	18	11	4	-3	-11	-18	-25	-32	-39	-46	-54	-61	-68	-75	-82	-89	-97
60	25	17	10	3	-4	-11	-19	-26	-33	-40	-48	-55	-62	-69	-76	-84	-91	-98

冻伤时间　30分钟　10分钟　5分钟

国家气象局的科学家们运用一个等式来计算表中数值。如果你想检测一下结果，或算出风寒值，不妨使用这个公式：

$$风寒（℉）=35.74+0.6215T-35.75(V^{0.16})+0.4275T(V^{0.16})$$

在这个公式中，T为1.5米（5英尺）（大约是人脸部所处的高度）时的气温值，单位为华氏；V为风速，单位为英里/小时。

裸露的皮肤暴露在外面的危险

当风寒气温低于–17℉（–27℃）时，必须穿好衣服，保护好手和耳朵。如果开始就有点儿冷，必须采取措施，因为如果长时间地暴露在寒冷中，会很危险，30分钟后可能就会被冻伤。我们可以通过表5中的灰白色区域，了解一下产生这种风寒的风与静止气温的有关条件。

如果风寒气温为–31℉（–35℃），必须想办法保护全身，不要让皮肤暴露在外面。表格里的中灰色部分表明10分钟后，会受到冻伤的侵扰。如果温度持续下降到–46℉（–43℃），5分钟后就会被冻伤，我们可以从表格中深灰色部分看出这一点。如果温度极低，短时间内人就可能丧命。

这个表格简单易懂，但天气预报中对风速的预报会有一定的偏差。与地面接近，风受摩擦力的影响，速度减慢，在小镇上尤其如此。为了精确地对风进行标准测量，气象学家们用风速表测量距地面33英尺（10米）的空中风速。在这里，当然风速要强于地表的风速。

还应记住，虽然无风，但如果你在运动，还是能感觉到风的存在。如果以每小时15英里（24公里）的速度前进，风就会打在脸上，即使在无风的日子也如此。

如果你大步向前走，你能感觉到风速可以达到每小时5英里（8公里）。所以在无风的日子里，只有你静静地站着不动时，才会感觉到无风。

冻伤

极度寒冷可以从两个方面引起伤害。其一，冻伤。冻伤不太危险，因为人可以轻易地发现并及时治疗它。

如果在极冷的天气中独自在户外活动，这时气温低于–17℉（–27℃），不要忘记在衣袋中装一个小镜子，不时地照镜子观察一下自己的脸。若和朋友在一起，彼此看看，若发现鼻子尖上或耳垂上有块白斑，这是冻伤的第一迹象，必须采取一定的措施，这时人的手脚也很容易冻伤。如果长期在户外活动，要不时地检查一下手指头和脚趾头。在这么低的温度下，把手套、靴子或袜子脱掉，太不明智了。看看自己的手脚指头是否还有知觉，能不能来回地摆动它们。必须记住，冻伤的肌肉没有触觉，要是还能感觉到手脚的存在，那就一点问题也没有。

冻伤之所以出现，是因为人的手脚处散热的速度快于血管供给肌肉营养的速度。受伤部位没有多少血液，看起来有点发白，里面的细胞开始结冰。结冰时，细胞里面的水开始膨胀，细胞壁破裂，细胞死亡（参见“水结冰，冰融化时会发生什么”）。这时候你不会有任何触觉，因为神经细胞已失去了血液对它的养分供应。

使劲搓冻伤处，情况会更糟糕，这只能使受损的肌肉受伤更为严重，血液循环得不到恢复。与此相反，受损部位必须慢慢地、轻柔地得到恢复，在冷水中轻轻地将它解冻，然后去看医生。

降温

降温比较危险，它发展缓慢，没有早期的迹象，但却可以夺去人的性命。Hypo-是从希腊语来的，意为“在……下面”，正如这个英文词所示，hypothermia意思是“低温，降温”。受害人通过皮肤散失了很大一部分热量，所以内温下降。若从正常的98℉（37℃）下降到90℉（32℃）时，人的身体就再也不能通过自身力量恢复了。若内温降至80℉（27℃）时，就面临死亡的危险了。

我们注意到的第一个迹象可能是受害人开始说胡话、神志不清、健忘、言语含混、视力受损、皮肤感觉到冷、脸和手冻青了。如果出外走走，病人会感到很疲倦，甚至昏昏欲睡，并不断地颤抖，不能自已。这样的话，危险可就增加了。一般情况下，颤抖可以使身体温暖，因为肌肉的快速运动使新陈代谢加快，血液流到体表肌肉纤维上的速度加快。虽然如此，但是到达表皮的血液温度已降低，回到身体内部时使内温急速降低，受害人脉搏很弱。不妨测量一下病人的体温，如果低于95℉（35℃），就必须采取紧急措施。

绝不要竭力让手脚升温，这样只会使冷血流回心脏，心脏就会出问题。所以，首先用你自己的体温使病人的身体中心升温这很有必要。把病人的湿衣服脱下来，换上干衣服或毛毯，让病人好好地休息，慢慢地缓和。不妨给病人一些温汤，不要过热，千万不要给病人喝热饮，吃热的食物。绝不要给病人使用白酒，这只会降低体温，还会与后来的用药发生反应。

雪寒

即使气温在零上，如果人们长时间在户外不运动，风寒也会引起降温，衣服湿的时候尤其如此。如果衣服湿漉漉的，纤维中充满大气的空间会浸满水。比起空气，水是热的良导体。大家都知道，如果没穿衣服被大雨浇了个透，我们会感到很冷，即使在夏季也如此。

这就是雪的危险。把自己埋在雪中以不受风的侵袭。在户外遭遇雪暴的人通常情况下会挖一个冰洞，让自己躲起来。但一旦雪开始融化，就会出危险。冰晶转化成液体水需要潜热，而潜热来自人的身体，很显然其实是人在融化雪，这样做，只会让人更加寒冷，这就是雪寒。更糟糕的是，当雪融化时，衣服吸了很多水，温度只是在零上稍微一点点。

二十五
雪盲

雪暴使我们的五官不再起任何任用，这就是为什么雪暴非常危险的原因，而且雪暴还产生了风寒效应。从专业角度讲，雪暴的风速至少要达到每小时35英里（56公里），温度不高于–7℃（20℉），能见度不超过1/4英里（0.4公里）。仔细观察表5“风寒”表，大家会注意到，如果风速达到35英里/小时（56公里/小时），气温为20℉（–7℃）时，人会觉得寒冷刺骨，这与人站在0℉（–18℃）的无风户外感到寒冷一样。

确实很冷，但若真是遇到了这种天气，你至少可以找个地方躲一躲。能见度虽然很低，但至少可以看到稍微远一点的地方，不至于迷失方向。这种雪暴不太严重，但还有更为强烈的雪暴。在严重雪暴中，风速至少达到45英里/小时（72公里/小时），温度不高于10℉（–12℃），能见度几近于零。在这种情况下，人的视野一般不超过几英尺远，风寒效应使人身体周围的温度降低到–16℉（–27℃）。

光的分散与反射

我们之所以看到周围世界，是因为人眼对物体反射的光特别敏感，绝大多数人靠视力辨别方向。如果周围一团漆黑，我们会无所适从。并非雪暴产生了黑暗，白天雪暴出现时，天依然很亮，但雪本身会对光加以分散与反射。

其实光早已被分散了。雪暴发生时，天空阴云密布，光通过云层时，云团中的冰晶和水滴将其分散，整个天空白茫茫一片，或呈灰色。冰晶和水滴也会反光，云层越厚，反射的日光就越多，因此只有少量光透过云层，天空看上去异常昏暗。

如果天空没有飘拂的雪花，当然是物体反射这分散的光了。树、山、建筑物和其他的地形特点会一目了然，因为光从四面八方被散射，这些物体本身也不会投下阴影。飘拂的雪花也能反射光，因其形状扭曲不平，所以朝各个方向反射光。雪花非常小，无数个小雪花在一起看起来比较稠密，像一个个白斑。雪降落时，不仅天空呈现单一的色调，云层和地面之间的大气层亦如此。

在这种情况下，手电筒和车灯就像在浓雾中一样，毫无用处。如果向前投射一束光，快速形成的雾滴和雪花会将其分散和反射，这束光让你看不到任何东西。确实，一些光还会反射到人眼，使人眼花缭乱，这不仅没起一点儿作用，而且使情况更糟。

雾至少可以让你看见脚下的地面，但雪暴却不太可能。空气中飞扬着白色的雪，地面上白茫茫一片，分辨不出何为天，何为地，这时真有一种天地合一的感觉。在白雪飞扬的世界中，看不出任何地形的特点，因一切为雪所覆盖。

你应当做什么

这称为*雪盲*（又称雪茫），你现在应做的是停在原地不动。这时看不到前方的路，当然不能开车，否则车只能在路面上滑动得不到控制，会出车祸。不妨回忆一下丽萨和艾玛的故事（参见“暴风雪、吹雪和雪暴”），她们一到户外就在暴风雪中迷失了方向。飞行员学会使用仪表在云层中飞行，有时他们也会处于一片茫茫的云雾中，同雪暴的情境一样。如果飞行员只会通过向窗外看来把握方向，不久之后，就会弄不清飞机是在向一边狠狠地倾斜、转向、升高、下沉还是大头朝下，当他们极力想纠正自己错误的感觉时，飞机失事了。所以飞行员必须学会使用仪表。在严重雪暴中想逃生的人如没有仪表，虽然他们不会冒险迷失方向，但往往很快找不到方向，这是不可避免的。

当然，我们也有可能使用其他感觉把握方向。但在雪盲中，人的其他感觉也起不到多大作用。那些看不见东西的人依靠触觉和听觉，而在雪暴中，听觉起不了作用，因为周围的雪暴产生了“白色噪声”，雪能消声，风的呼啸声来自四面八方，淹没了其他一切声音。触觉还在，但只有知道自己的位置时，你才能沿着篱笆和围墙摸回家，它才能发挥作用。

许多动物也是通过视觉找到道路的。例如，狗的大脑里似乎有一张关于周围环境的地图，这是以嗅觉为基础的，但我们人类不能。狗用嗅觉对周围的环境进行侦查和探测，而不是使用视力和听觉。周围的一切全部都埋在雪的下面，所以狗当然不能在雪暴中找到道路了。

如果陷于雪暴中，停住别动，也不要着急找一个避难所，但是如果你确实能找到一个避风的地方，不妨一试。不然的话，在雪中挖一个洞，在里面待上一段时间，直到情况好转为止。不时把身上的雪掸一掸，以免雪把你埋住。如果你在车里，别动，因为里面的温度比户外的温度高。而且援救队前来救人时，路边的车即使全被埋在雪下也更容易被发现，这要比找人容易得多。

二十六

历史上的雪暴

每年冬天一些地方都会出现不同程度的雪暴天气。2000年12月31日，中国内蒙古地区发生雪暴，严寒天气一直持续到第二年1月末，结果导致164万人受灾，至少39人死亡，20多万头牲畜死亡。

2001年1月30日，伊朗的胡奇斯坦省的几个村庄被1.8米深大雪掩埋，村庄之间的联系被切断。28名出去设法寻找食物的人永远消失了。2002年12月下旬，美国东部降雪达到60厘米，导致18人死亡，这次主要是因为暴风雪引起了交通事故。雪暴并不总是在冬季降临，1989年6—7月份，中国西部至少有67人因雪暴而丧生。1995年10月，中国西北的青海高原发生了雪暴，到1996年2月，当地的恶劣天气导致了42人死亡，受灾人数达到4万人。

雪暴的发生也不受纬度的限制，虽然它们最常发生在中高纬度地区。1983年2月发生在黎巴嫩阿来恩地区的雪暴导致47人丧生，他们大都被冻死在车里。1992年土耳其南部也发生类似的情况，风暴从2月1日一直延续到7日，导致了雪崩，并使201人丧生。

1888年的美国冬天

冬天的气候时冷时暖，对美国人来说，1888的冬天是有史以来最糟糕的。温暖的天气一直持续到圣诞节，1月份，冷空气横扫落基山脉，带来的寒流吞没了蒙大拿、达科他和明尼苏达州（参见“寒流”）。

从1月1—13日，大风夹杂着暴雪和严寒使人们经受了有史以来最严峻的雪暴考验，之后天气趋于平静，然而紧接着便是漫长的严冬。

从3月11—13日，暴雪以113公里/小时的速度袭击了从切萨皮克海湾到缅因州的东部地区，温度降到0℉（–18℃）。接着，大风又使温度骤降到–35℉（–37℃）（参见“风寒、冻伤、降温及雪寒”）。东部河面开始结冰，人们甚至可以从曼哈顿步行到布鲁克林。

纽约州和新英格兰的东南部平均降雪达40英寸（1米），纽约市荷拉得广场积雪达9米深。所有的公路和铁路运输全部瘫痪。因为消防车无法到达，有的地区一旦发生火灾便很难控制。这次雪暴使400人丧生，其中200人死在纽约市。野生和家养动物受害尤为严重，成千上万只鸟被冻死在树上，大量牲畜死亡，有些甚至被原地冻死。

春季雪暴

春天时,北美特别容易发生雪暴,1973年2月8—11日,初春的美国东南部佐治亚和卡罗来纳州部分地区遭到深达40厘米的雪暴袭击。佐治亚州梅肯市积雪达到58厘米。

1977年3月,雪暴袭击了南达科他的州际公路,导致多人丧生,其中科罗拉多州9人,内布拉斯加州4人,堪萨斯州2人。1980年3月2日,雪暴袭击了卡罗来纳、俄亥俄、密苏里、田纳西、宾夕法尼亚、肯塔基、弗吉尼亚、马里兰和佛罗里达,导致至少36人死亡。1986年4月6日,美国北部再次遭遇雪暴。

1993年,北美东部发生了雪暴,其烈度与1888年基本相当。美国大约有270人丧生,加拿大4人,古巴3人,造成的经济损失达6亿多美元。

春天是一个多变的季节,极地表面的极流开始向北移动。温暖潮湿的墨西哥气流尾随其后,同时温度开始上升。高低纬度之间的温差开始缩小。极地的空气聚积南移,两股气流相遇,温暖潮湿的气流会攀升到寒冷干燥的气流之上,变得很不稳定,而且会导致严重的暴风雪。大雪会穿过寒冷的气团下降,暴风雪产生的飓风夹杂着大量降雪就产生雪暴。

冬季雪暴

雪暴在隆冬也会出现。1888年1月12日,一场雪暴横扫了达科他、蒙大拿、明尼苏达、内布拉斯加、堪萨斯和得克萨斯州，被称为“学生雪暴”。因为235名遇难者中大多为刚刚放学回家的孩子们。

从1891年2月7日开始，美国中部连续几天出现雪暴天气，引起大规模伤亡。1949年1月2日—2月22日，接二连三的雪暴袭击了内布拉斯加、怀俄明、南达科他、犹他、科罗拉多和内华达州。降雪深度为12—30英寸（30—76厘米），在时速为每小时72英里（116公里）狂风的作用下，有些地方积雪深达9米，虽然没有人员伤亡，却导致了成千上万头牲畜死亡。

1976—1977年的冬天，情况更加糟糕。落基山脉东侧的19个州，1—2月的平均气温创历史最低水平。1月28日，纽约、新泽西、俄亥俄州宣布进入紧急状态，其他的几个州也被列为灾区。几天前，雪暴从俄亥俄山谷的上端与五大湖流域的低地向东侵袭。尼亚加拉瀑布遭受了严峻的考验，全部被冰层覆盖。冰层甚至覆盖了大马蹄瀑布的部分地区。

1月28日，风暴到达了纽约州所属的布法罗市。该城市遭受了有史以来最严峻的雪暴考验，降雪达到69英寸（1.75米），风速为每小时75英里（121公里）。风暴来临前6周，每天都在降雪，雪暴使积雪增高了3英尺（90厘米）。到冬天即将结束时，布法罗的积雪共达到5米深。当雪暴来临的时候，能见度为零，有些地区积雪甚至达到30英尺（9米）。突然来临的恶劣天气使数千人被困在办公室、工厂和商店里。很多回家的人被困在路上。交通停滞4个小时，救助者使用摩托雪橇去帮助那些被困在汽车里的人们，并给他们送去食物和救援物资。5 000辆轿车和卡车被遗弃在路上。风暴持续了5天，导致了29人死亡，9人是被困在车中致死。灾难并没有就此罢休，2月1日，席卷美国东北各州的雪暴又导致了100多人死亡。

1978年美国东北部的雪暴

接下来的冬天也是令人难过的，特别在美国东部和中西部。1月25—26日，160公里/小时的狂风和深达31英寸（79厘米）的大雪袭击了俄亥俄、密歇根、威斯康星、印第安纳、伊利诺伊和肯塔基州，当时温度降到–50℉（– 45℃），导致100多人死亡，经济损失达数百万美元。

从2月5—7日，该雪暴从大西洋海岸向北进发。根据美国红十字会统计，共有99人死亡，4 500人受伤。风速为每小时110英里（177公里）的狂风把海浪推到了18英尺（5.5米）高，美国罗得岛州和马萨诸塞州均出现了50英寸（1.27米）的降雪。纽约降雪为17.7英寸（45厘米），波士顿和普罗维登斯降雪为24英寸（61厘米）。暴风雪给马萨诸塞州带来了价值5亿美元的经济损失，纽约和新泽西的损失为9 400万美元。

雪暴很容易在冬天出现。特别在东部地区更为常见，而且影响面很大。1973年12月17日，雪暴和刺骨严寒控制了佐治亚到缅因州的各个地区。1983年2月11—12日，美国东北部各城市受雪暴袭击产生的降雪至少有2英尺（61厘米）。1983年初冬的时候，随着温度降低到冰点，新的暴风雪从太平洋向东移动，夹杂着大量的潮气，产生降雪。11月28日，雪暴导致了怀俄明、科罗拉多、南达科他、内布拉斯加、堪萨斯、明尼苏达和爱荷华州的56人死亡。

第二年2月28日，密苏里和纽约地区又有雪暴出现，1987年1月22日，佛罗里达和缅因州也在劫难逃。其他的暴风雪影响范围相对较小，1979年2月19日的雪暴只波及了纽约和新泽西州。

2003年的冬天是那几年来最冷的，1月到2月份，美国东部诸州再次遭受暴风雪袭击。从2月15—17日，“总统日风暴”导致了大规模的灾害。

1996年美国的暴风雪

1996年，美国东部各州遭受了70年来最严重的雪暴袭击。从1月6日开始，大雪连降4天，恶劣的天气波及了阿拉巴马、印第安纳、肯塔基、马里兰、马萨诸塞、新泽西、纽约、北卡罗来纳州、俄亥俄、宾夕法尼亚、罗得岛州、弗吉尼亚、华盛顿和西弗吉尼亚州，并使肯塔基、马里兰、新泽西、纽约市、宾夕法尼亚、弗吉尼亚和西弗吉尼亚州被迫宣布进入紧急状态。

这次雪暴的产生主要原因是降雪量过大。当时风速仅为每小时25—35英里（40—56公里），通常来说不会产生严重后果，可实际上却导致23人丧生，伤者无数。道路堵塞，机场关闭。纽约市的学校自1978年以来第一次关闭，阿拉巴马的学校也因交通问题而关闭，整个纽约邮政系统于1月9日关闭。联合国大厦也因员工不能上班而关闭。

1月12日的降雪更大，很多房顶因不堪重负而倒塌。纽约州北马萨皮卡的一个超市因屋顶坍塌而导致10人受伤。马萨诸塞州诺韦尔一家影剧院及奥克代尔购物中心屋顶先后坍塌，波士顿海滨会展中心的屋顶也难逃厄运。其他地方也相继出现了屋顶破损被迫关门的现象。

当房梁和椽子不堪重负时，屋顶便无能为力了。宾夕法尼亚州的伯克斯县的一名妇女和她的女儿在马棚喂马时，被掉下的椽子击中而死。晚冬的降雪更加危险，因为天气变暖，所以也会下雨。雨和积雪混在一起会给屋顶增加很多负担。

当年，克林顿总统宣布9个州为灾区。1996年的暴风雪尽管造成了一些损失，然而还不是历史上最严重的，它造成的经济损失达5.85亿美元。

西部的冷空气开始南下再东上，给中部各州带来严寒，即使烈度不强的风暴也会产生灾难性的后果。1975年1月，时速为80公里的寒风夹着大雪，使温度降到零度以下，导致50人死亡。在1979年11月21日，时速为70英里（113公里）的狂风夹着大雪席卷了科罗拉多、内布拉斯加和怀俄明州，导致至少10人死亡。1981年11月19日到20日，雪暴袭击了密歇根和明尼苏达州；1985年12月袭击了密歇根、南达科他、爱荷华、明尼苏达和威斯康星州；1988年1月2—8日自西向东袭击了美国中部的很多地区。这几次都不同程度地引起了人员伤亡。

1982年11月19—20日，雪暴袭击了西部地区，并引起了龙卷风。1987年12月12—16日，阿肯色州的龙卷风与中西部各州的风暴联系在一起。1982年的风暴导致34人死亡，1987年有73人死亡。1984年3月19—23日，暴风雪袭击了美国西部各州，虽然没有引发龙卷风，但却导致27人死亡。1985年11月，西北地区发生的雪暴导致至少33人死亡。

北美特殊的地理环境使雪暴成为当地冬天的一大特色。因其面积广大，所以内陆地区是典型大陆气候（参见补充信息栏：大陆性气候与海洋性气候），有时落基山脉上空的气团会吸引北极地区的冷气团南移。同时，来自墨西哥湾的热带气流会流经南部狭长的大陆。其他大陆都不具备这样的地理特征，但并不意味着它们会免受雪暴骚扰，有时甚至会同样严重。

欧洲雪暴

1891年2月，雪暴袭击了美国东部，3月9日到达了英国南部，一直到3月13日狂风卷着大雪以每小时75英里（121公里）的速度沿英吉利海峡向东推进，导致陆地上的60人死亡，同时摧毁了10多艘船只，并导致大部分船员死亡。

历史上，英国曾多次遭到雪暴袭击，但记载不详。1762年2月，英格兰的一场雪暴持续了18天，导致至少50人死亡。1674年3月8日，发生在英格兰和苏格兰交界处的一场雪暴持续了13天，但对它们的记录很不详尽。

近年发生的风暴大都有详细的记载。从1982年1月9—12日，西欧大部分地区受到暴风雪袭击。威尔士在西部与爱尔兰海相连，它与英格兰之间的交通被3.7米深的大雪隔断，同时导致23人死亡。1984年西欧重遭厄运，1984年2月7日的一场雪暴导致13人死亡。

1995—1996年的冬天，欧洲出现了几次严寒天气。12月末，气温骤降，英国到处出现雪暴天气，并一直延伸到东部的哈萨克斯坦和孟加拉，350多人死亡，大多是在莫斯科。

1996年席卷欧洲的暴风雪

1996年1月，雪暴刚刚袭击完美国东部又转到英国。2月初，英国大部分地区都被大雪和狂风所控制，更为糟糕的是很多地区出现了冻雾天气。

位于坎布里亚郡的核工厂被迫关闭，大约1 000被困在厂内两天两夜。位于苏格兰西南部的达姆弗利和格洛威宣布进入紧急状态，因为当地公路上有几百人被困在汽车里。当位于英格兰和苏格兰之间的A74M公路发生堵塞时，有1 000多人被困在车里长达22小时，最后被送到急救中心。直到第二天凌晨4点钟，北部公路才开通，南部公路需要开通的时间更长。一辆火车在该地区被大雪所困，工作人员和乘客最后被直升机救走。波及整个英国的狂风和暴雪使数万户家庭断电。

2月份，天气刚刚变暖，恶劣的雪暴再次来临。3月12日，苏格兰和英格兰一片瘫痪。苏格兰滑雪场被迫关闭，北海油田的工人也饱受其苦。救援直升机也因为每小时100英里（160公里）的狂风而无法起飞。

雪暴通常具有破坏性，而且很危险。铁路和公路被阻塞，电线和电话线被破坏，使人们陷于困境。每年冬天随时可能会有暴风雪出现，而且不仅限于北部地区。南至佛罗里达州，东至地中海地区都可能受到影响，有时产生的严重后果使人难以意料。

二十七

气候变化难道会减少雪暴吗

在过去的几年中，有很多报纸和电视都在报道地球上的天气正在逐渐变暖，这种变化被称为"温室效应"，因为我们把以二氧化碳为主的气体排到大气中，它们吸收了外部的热量。

人们很高兴地设想虽然全球变暖会带来一系列问题，但随着全球变暖，雪暴会越来越少，因为毕竟天暖时不会下雪。然而事实并不是那么简单，气候变化无常，其实复杂得很。

现在大气中二氧化碳的含量是工业革命时期的2倍。1750年，空气中的二氧化碳的浓度是0.028%，现在是0.036 7%，增加了31%，这显然会引起气温的变化。

多数的气象学家认为下一世纪全球气温完全可能上升。以灰尘和硫酸盐为主的空气颗粒将会对气候变暖起到一定的抑制作用，因为它们能够反射阳光，对大气表面起到降温作用。基于这种考虑，科学家们预计到2100年，全球温升是2.5℉—10.4℉（1.4℃—5.8℃）。这种预测具有很大的不确定性，其实自20世纪70年代开始，地球气温以每年0.027℉（0.015℃）、每百年2.7℉（1.5℃）的速度在升高。这是在5 000英尺（1 525米）—2.8万英尺（8 540米）的高空卫星仪器测量到的，它的精确度是0.02℉（0.01℃）。这种结果比表面测量更加可靠，因为后者多数在陆地上进行。

何忧之有

3.6℉（2℃）温升对周围环境影响不大。但是，更大的温升会导致严重的结果。比如说，随着海洋变暖，它们将会占据更大的空间，同时冰川要消退，它们融化的水会流入海洋。所有的这些将会使海平面升高，一些海岸会被侵蚀，低地将被淹没。

在冰河时代，大量的淡水结冰，因为它们来自海洋，所以海平面下降。冰河时代过后，冰开始融化，海平面再次上升，同时陆地本身的高度也在发生变化。大面积冰块压迫地壳，所以在冰河时代，海平面下降的部分原因是冰下的地平面在下降。同样，随着冰的融化海平面又要上升，地平面也再次回升。目前，斯堪的纳维亚和苏格兰因为上次冰河时代的影响仍在回升。

从过去最冷的时代到最近的冰河时代的2万年里，海平面平均上升394英尺（120米）。目前海平面平均每年上升0.03英寸（0.7毫米）。根据各国政府调查组（IPCC）的预测，如果到2100年气温上升2.5℉—10.4℉（1.4℃—5.8℃）的话，海平面要上升4.3—30英寸

(11—17厘米),这种上升是因为海水变暖及冰川融化。在格陵兰和南极的冰块也开始逐渐缩小,从而使洋面上升。但反之如果冰块变厚,它们就得从海里面吸走更多的水。如果到2100年温度上升不超过2.7℉(1.5℃)的话,海平面的上升幅度就会小得多。

温暖的天气听起来使人愉悦。到目前为止,北美的西北部、阿拉斯加、育空和西伯利亚的东北部都出现过暖冬天气。整体来看,气候变暖有2/3发生在冬季。它导致了霜期的变化,所以植物的生长期比以前要长。并不是所有的地方都在变暖,美国东部大部分地区没有变暖迹象。中国南方和印度次大陆气温仍在下降,南极半岛气温在升高,但是几十年来南极大陆内部却变得越来越冷。

如果夏天加速变暖情况就不一样了。植物赖以生存的水资源取决于地表降水量和蒸发量是否平衡。如果能维持平衡,植物就会生长茂盛;如果不平衡,地表就会干涸。温度上升会产生更多的蒸汽,从而提高降水量。20世纪美国降水量增长了10%,然而,如果气温过度升高,蒸发量将会超过降水量。一些环境科学家们担心将来大陆内部会有更多的干旱天气出现。

严重的"温室效应"

科学家们担心温室效应使地球变暖,其实这已不是新的提法。早在1827年,法国数学家吉恩就警告说大气温度受其化学成分影响。1896年,瑞典化学家阿列纽斯就计算出如果大气中二氧化碳浓度增加一倍,赤道的温度就会上升8.9℉(4.95℃)。南北纬60度地区的气温会上升10.89℉（6.05℃），他相信温升源于火山爆发。

火山爆发现在看来已不是问题根源所在，令人担心的是含碳的燃料在燃烧时所释放出的二氧化碳，还有其他的气体也会导致气温上升，主要有CH_4、N_2O、CFCs、CCl_4，它们源于牲畜消化系统产生的细菌和稻田及管道的泄漏。N_2O源于一些工厂和使用催化剂的机动车发动机；CCL_4具有溶解性，曾被用作干洗剂；CFCs被用作气溶胶罐、泡沫塑料、冰箱、冷冻柜、空调的推进剂。CCL_4已经被逐步淘汰，所以将来的危害会越来越小，一些国家已在竭力控制温室气体的排放。

温室气体就像温室的玻璃一样，这也是人们为什么把它们所造成的影响称为"温室效应"。温室玻璃透光但不传导热量，阳光可以自由进入温室产生热量，然后玻璃阻止热量散发出去，这种描述使人感到有点费解，然而温室内部温度升高，主要因为热空气不被散发出去。

科学家们测量太阳辐射能量，而且能算出它到达地球的比例。大气顶端每分钟所接受的热量大约是12.7卡/平方英寸/分钟（1.367千瓦/平方米），这被称作是*太阳常数*。部分热量在穿越大气层时被吸收，但大部分会到达地表。人们还能计算出向宇宙反射热量的比率。这种计算表明，常规的地表温度是–9℉（–23℃），而地表实际平均温度是59℉（15℃）。这是因为空气中的某些成分吸收了部分被反射回去的热量，这就是"温室效应"，其实这种现象很自然。如果没有这种效应，气温将会变得太低，以至于水蒸气都不会存在，那么可能除了赤道周围，地球上的水将不会以液态的形式存在。很多海洋和湖泊将会覆盖上厚厚的冰层，有的甚至完全结冻。那时即使地球还有生命，它们也会活得异常艰难。因而“温室效应”本身来说是很有用的。我们并不是担心“温室效应”的存在，而是担心人类的活动会使它加剧。严格地说，这也正是科学家们所担心的事情。

大气如何吸热

“温室效应”的发生是因为分子接受热量后，它们会作出相应的反应。光和热是电磁辐射的两种形式，只是波长不同而已。大多数的太阳辐射都是短波。空气分子对热量具有发散作用（特别是蓝光），但是因为尺寸和形状不同，它们不易被捕捉和吸收，所以散发出去的辐射都是较长的波段。它们的波段范围是4—10微米。大于10微米的氮和氧分子吸收阳光的辐射之后，分子移动速度加快，分子之间的碰撞加剧，最后失去多余的能量，散发出去的能量使气温上升。

不同的分子对不同的波长作出反应。比如说，二氧化碳所吸收的波大约是5微米和15—18微米，所有的温室气体中二氧化碳占有的比例最大。现在我们把其他气体在“温室效应”中的作用与二氧化碳相比较，设二氧化碳的作用值为1，依此计算，甲烷为11，一氧化二氮为270，不同的氟氯化合物为1 200—7 100。在所有的温室气体中，水蒸气最为活跃，它能够吸收几种波长的辐射。但是它在空气中的含量因时间和地点不同而变化，这使我们很难控制它。

10微米的辐射处于一个自由状态，因为所有的气体都不会吸收处于这个波段的辐射。

排放追踪

所有关于大气方面的研究都取决于每种气体在空气中的含量以及它们所受到的影响。我们燃烧化石燃料、制造水泥及农田耕作等生活方式都会产生二氧化碳。平均每年燃烧释放的二氧化碳为6.7亿英吨（6.1亿公吨），生产水泥释放的总量为199 760公吨（22万英吨），总计为6.9亿英吨（6.26亿公吨）。改变土地用途，比如说通过焚烧把森林地变成耕地所产生的二氧化碳是1.9亿英吨（1.7亿公吨），但是森林和农作物每年吸收2.1亿英吨（1.9亿公吨）二氧化碳，因为植物需要它来进行光合作用。就目前情况来看，空气中二氧化碳的含量还不足以满足植物的生长，有一种向植物提供更多的二氧化碳以确保其茁壮生长的办法，被称作*二氧化碳施肥料*。

补充信息栏　太阳光谱

光、辐射热量、γ射线、X射线和无线电波是各种形式的电磁辐射，这种辐射以光的速度传递。各种形式的辐射波长不同。波长是一个波峰和下一个波峰间的距离。波长越短，辐射的能量越大。波长的范围叫光谱，太阳在各种波长发出电磁辐射，所以光谱范围大。

γ射线是最高能量的辐射形式，波长为10^{-10}—10^{-14}微米（1微米等于1米的百万分之一）。下一个是X射线，波长为10^{-5}—10^{-3}微米。太阳放射γ射线和X射线，但是所有的射线都在地球的高空大气中被吸收，不能到达地面。紫外（UV）辐射波长为0.004—4微米，较短的波长在0.2微米以下，在大气中被吸收，但是较长的波长到达地面。

可见光波长为0.4—0.7微米，红外辐射波长为0.8微米—1毫米，微波波长为1毫米—30厘米，无线电波波长为100公里（62.5英里）。

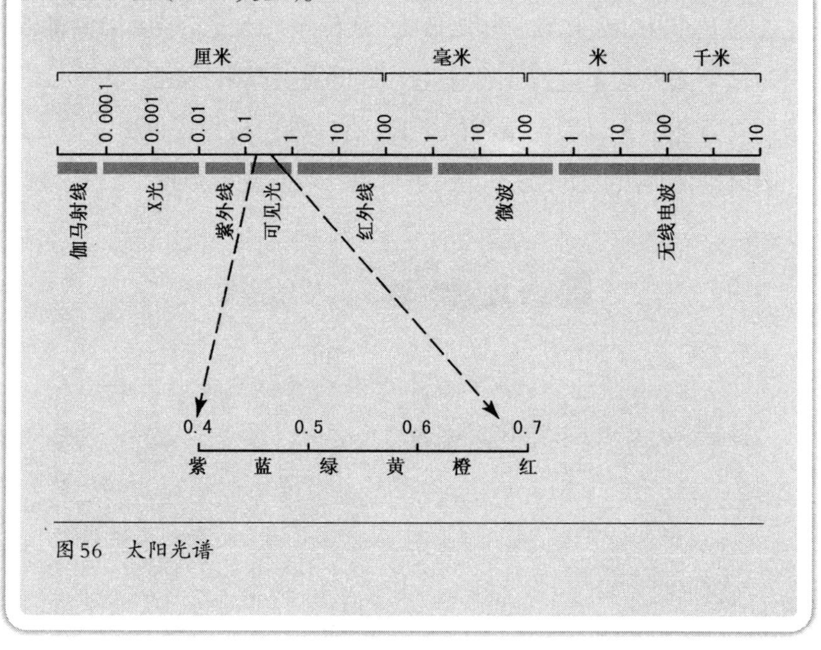

图56　太阳光谱

每年有大约2.1亿英吨（1.9亿公吨）的二氧化碳溶入海洋，这和陆地植物的吸收量基本相当，还有2.1亿吨（1.9亿公吨）人们无法说明其去处。

虽然二氧化碳的排放量在逐年递增，但它在空气中的积聚速度却已减慢。在20世纪80年代，每年的排放量是5.9亿英吨（5.36公吨），每年的聚集量是3.6亿英吨（3.3公吨）。20世纪90年代，每年的排放量是6.9亿英吨（6.3公吨），而聚积量是3.5亿英吨（3.2公吨），我们无法解释为什么它积聚速度在减慢。

甲烷在空气中的积聚速度也在减慢，但浓度可能相对稳定。它在大气中的含量较20世纪80年代增加了1/4。

温升会导致更多的水变成蒸汽。水蒸气是非常活跃的温室气体，所以它的浓度升高可能会加剧"温室效应"。空气中的水蒸气含量增加将会产生更多的云，蒸汽受到挤压也会释放出更多的热量。低云层通过遮光而对周围空气起到冷却作用，但由冰晶构成的高云层会吸收阳光而对周围空气起到加温作用。很难确定何时何地会出现什么样的云，但准确预报天气是相当必要的。

预测未来

高纬度地区比赤道地区可能对全球变暖表现得更明显。这种作用可能会影响到气候带的划分，热带将会延伸到南半球中纬度地区。北美、欧洲和亚洲的北部大面积松类森林地带将会有更暖和的天气，而松类森林将会延伸到冻土地带。

当然这里有很多不确定因素。一些科学家担心永久冻结带融化将会刺激细菌繁生，并释放大量甲烷，这可能会加剧"温室效应"。

再者说，如果植物不能适应新的气候环境怎么办？高纬度的松类树木已经习惯了长久严冬，那里冰天雪地，液态水根本无法存在。如果冬季变短而潮湿，它们可能会死亡，结果低纬度的树木将会代替它们。当然这需要很长时间。大面积的森林消失，当树木腐烂时，大量二氧化碳将会排放到空气中。因为死亡植物的腐烂需要以碳作为能源，然后把它氧化成二氧化碳，这会加剧全球变暖。

高纬度地区的变暖将会缩小极地和热带地区的温差。极地的表面和极流将会北移（参见“寒流”）。冬天的时候，它们可能集结到五大湖流域的南侧，并且横贯美国中央地区。猛烈的风暴将会尾随至极流南端，整个国家将会面临雪暴威胁，特别是大气中的水蒸气增加，南部地区会变得更加潮湿。北上的海湾暖气流和南下的冷气流相遇，春天时，雪暴天气完全可能会增多，虽然南部各州遭受雪暴袭击的可能性会减小。

热盐环流

大量的降水可能会部分缓解大气变暖的状况。大约1.2万年以前，也就是上一次冰河时代末期，地球突然变暖。1.1万年以前，地球被极度的低温所控制，而且持续了大约1 000年。科学家们相信，这些改变是由洋流循环引起的。

在北大西洋海冰的边缘，高密度的水直沉洋底，成为*北大西洋深水*（NADW）。这是因为当水冻结的时候，它里面融化的物质会被挤压出来。被挤出的盐进入相邻水域，使其盐分升高，密度增大。淡水在39℉（4℃）时密度最大，而海水在32℉（0℃）时密度最大，并在28℉（–2℃）时开始结冰，这与冰块边缘的温度大致相同。高密度的水会沉到远离冰块边缘的低密度水之下，再缓慢流向南极。它会流经其他大洋，升至水面，在赤道地区得到加温，再流回原处，完成环流。这种洋流被称为*大输送带*，学名为*热盐环流*。海湾洋流和北大西洋洋流是该系统的组成部分。

有时，来自加拿大河流的大量淡水或太平洋含盐量较低的海水（比大西洋的水要淡一些）流经北冰洋，然后再进入北大西洋。浓度较低的海水浮于浓度较高的大西洋水面之上，因为它的冰点稍高，所以会扩大海冰的区域。这会改变"北大西洋深水"的构成及洋流的循环路线。北大西洋漂流不再到达欧洲西北部海岸，穿越大西洋的气流也会因接触冰和冷水而降温。

1.1万年以前，覆盖北美大部分地区的劳伦泰德冰块的融化使大量的淡水涌入欧洲，使其几乎又回到了冰河时代，因此降水量可能有所增加。科学家们预计，如果热盐环流停止的话，西欧会继续变暖，当然速度不会很快。

人们通常认为，随着全球变暖，雪暴会逐渐减少，但有时这种说法不一定可靠。全球变暖可能不会对北美雪暴发生的频率和烈度造成很大影响。如果北大西洋漂流停止的话，西北欧可能会遭受更多的雪暴袭击。

二十八

预测雪暴

长久以来，人们一直是通过观看天空来测气象。人们也观察动植物寻找线索，学会识别某些天气现象来临的迹象。例如，晚霞满天通常意味着翌日将会是晴朗的一天。当看到高高的、一束一束的卷云变成马尾巴时，水手们会预料到几个小时以后的大风。许多这样的观察以押韵诗的形式保存下来，如“晚霞飘天空，牧羊人乐心中……”；还有给水手的，如“画家的笔儿刷天空，身边的风儿向前冲”。

这样的谚语大多数奏效，但作为一种天气预测方法，具有局限性。它们之所以奏效，是因为产生可见征兆的诸多气象状况集中在很远的地方，常常是在几百英里以外，而后慢慢靠近。例如，晚霞是尘埃颗粒折射阳光造成的。当太阳在天边位置很低时与太阳当空时比，光线要穿过更多的空气。大部分的蓝光和绿光被折射散开，所以我们看到的主要是剩下的红色光和橙色光。尘埃意味着空气干燥。中纬度的天气系统通常是自西向东移动，这样，干燥的空气很有可能在第二天早晨到达，带来万里无云的好天气。

朝霞也是同样产生的，但它在东方。好天气正在撤离——因为天气体系是从西向东移动的——潮湿的天气可能会随之而来，当天可能就会这样。朝霞不如晚霞可靠，因为潮湿的天气过后未必是晴朗的天气。也许我们会交好运，迎来又一个大晴天。

明白了上述道理，我们才可以预测未来天气。显然，这是预测天气的唯一方法。只有在我们能检测所有天气系统和气团，并在天气状况到来之前迅速地作出预测，才可能作出天气预报。如果用4个小时才能计算出2个小时就可以预测的天气情况，真的会让人大失雅兴。

规模问题

天气系统十分庞大。一个低压带，包括其相连的锋面，覆盖几乎整个北美洲，从佛罗里达州的尖端到加拿大远北地区，从大西洋沿岸到落基山脉，这么大的天气系统很常见。1844年以前，无法将这样庞大的一个体系甚至是它的一小部分作为一个整体研究。不同地点的观察者们记录同一时刻的压强、温度、风、云、降水量等，汇编信息后才能形成一幅比较全面的图片，但为时已晚，因测量和观察结果靠骑马传递，想把一个地方的所有数据收集到一起，少则几天，多则数周。

1844年，第一条电报线路搭建起来，仅在巴尔的摩和华盛顿之间运行，但带来了天翻地覆的变化。随后2年里，人们在通过电报汇集全美国气象数据方面做着不懈的努力。1851年在伦敦召开的世界博览会上，其中一件展品是第一张气象地图，标示出同一时间段内不同的地方和中心地带的测量数据。之后现代天气预报出现了。1869年发布了第一个每日天气预报栏，1971年开始做连续3天的天气预报，这两个进步都归功于辛辛那提天文台。

通信的进步也使科学家们得以研究天气系统的工作原理。渐渐的，他们不仅清楚地了解了天气如何形成和移动，还了解了气团内发生什么使其如此变化。

气象台、气象气球与气象卫星

天气预报和气象研究仍然靠直接的观察，但新技术已大大增加了可观察内容。全世界成千上万的地面气象站——其中许多为全自动——在收集数据，间隔一般为1小时或6小时，并将数据传输到预测中心。有些气象站只报告地平面的状况。还有一些气象站，气象学家们放出携带*无线电探空仪*的气球，这些气球在大气层上部测量有关数据，并将数据用无线电发送给地面接收站。气象学家用雷达跟踪气球来测量不同高度的风速和风向。

自从1960年第一枚轨道卫星发射以来，卫星一直在传输测量结果和照片，其中有些照片是用对红外线波长敏感的相机拍摄的。气象卫星协力合作，能提供对整个地球不间断的观测。

传输到天气预测中心的数据，被输进超形计算机。计算机将详细数据显示出来，并随卫星图像不断变换气象云图。预测者在监视器上看到的内容极为详尽。他们可以运用三维图像显示某一定点上空高达8英里（13公里）左右的云、温度及风，并且显示云团中垂直气流最强的地区和很可能结冰的地区。对航空公司来讲，这非常重要。

天气预报

可以使用几种不同的方法进行天气预报，通常是将这些方法综合运用。在某些天气预报中，经验丰富的气象学家运用自己的判断来估计某一天气系统是如何发展的，其移动方向和速度如何。还有一些天气预报是在数字预测的基础上，运用物理定律和对输入计算机的数据进行计算，预测出将要发生什么。计算所需的数字相当巨大。这一数字预测方法是1922年由英国数学家、气象学家刘易斯·弗莱·理查森（1881—1953）设计的，但直到气象学家们有了真正快速的计算机，这种方法才得以应用。

尽管计算、观测能力都由预测者们支配，他们也只能提前预测一周左右的天气。提前对未来几周或几个月的长期天气预报，仍然不可能做到，并且可能永远不会实现。这是因为随着天气系统的发展和移动，那些很小、没有被注意到的差异会很快扩大。结果，两个同时出现的一模一样的天气系统几天后可能完全不同。天气系统经常有类似状况，无法提前判断它们会怎样，气候模式从未精确地重复变化。气象运转*混乱无序*，并不是说它会任意改变。但仅一周以后，与对其进行的预测相比，它就会有很大出入，这样预测便毫无价值可言。天气系统对其最初状况的微小差异都极为敏感。

无序作为一个数学概念，是美国气象学家爱德华·诺顿·洛伦茨（生于1917年）提出的。运用计算机模型研究天气系统运转方式的第一批科学家出现了，洛伦兹是其中的一员。1961年的一天，他再次运行一个特殊的程序，使用他认为与第一次一样的初始状况，但为了方便，他将输入该模式中的一些数值从小数点后六位省略到后三位。让他惊讶的是，该天气系统以完全不同的方式发展了——那3个小数位带来了巨大差异。1979年10月29日在美国科学发展协会年会上，他发表了一篇论文，描述了这件事情，论文题目是《巴西一只蝴蝶拍一下翅膀会不会在得克萨斯引起龙卷风》。从那时起，这类无序的不可预言的状况被称为“蝴蝶效应”。

现在长期天气预报不能实现，但短期预报还是相当可靠的。时间越近，预报越可靠。如果天气预报员发布消息——在前行的路上有猛烈的冬季暴风雪，千万不要对此有所怀疑。

预测者先看气压分布的信息，它们显示出锋面和低压区。如果低压带周围的等压线比较紧密，说明在水平距离上气压快速变化。也就是说，存在陡峭的气压梯度，而陡峭的气压梯度表明存在强风。所以风是最先被测出来的，它们的实际速度可通过地面气压计算出来。天气系统通常是移动的，气压分布的详细情况也使预测者得以计算风向和风速。

气象台的报告告诉预测者低压带有多少云和降雨量。卫星云图对这些信息进一步确认，并提供一张清晰的图片。图片不仅显示了云的范围，还显示了与它相关的低压带周围及锋面边缘的云的浓度和类型。不是所有的锋面都很活跃，远离低压带的地方可能少云，甚至无云。水滴能强烈地反射波长10厘米左右的雷达波，所以可以用雷达来测降雨量。

凭这些，预测者已知道天气系统的大小、移动方向和速度、周围的风力和风向和它产生的降雨量。接下来，他们需要知道降水类型。这主要看云的类型，这是他们已确认的，还要看云内部和云底部与地面之间的温度。如果云较低部分和云下面的空气温度低于39℉（4℃），就会下雪。如果低压带周围的风超过每小时35英里（56公里），就会有雪暴。如果轻拂的粉状雪花落到地面，大风也会把它吹起来。

警报

一旦预测者识别出恶劣的冬季气候，他们就开始发布警报。在美国，警报通过收音机和电视广播，也由国家海洋和大气局（NOAA）的国家气象部管理的气象无线电台播出。在世界其他地方，警报是收音机和电视中日常天气预报不可缺少的一部分。预测者会尽早发布警报，让人们尽可能提前做好充分准备。警报本身是分等级的，明确而且具体。一份*冬季天气报告*提示人们警惕那些恶劣的，尤其是给乘车者带来不便，很有可能会带来危险的天气。

霜冻警报意味着某些地区温度会出乎意料地降到冰点以下，一些园艺植物和花园植物可能会被伤害，需要采取保护措施。家里无供暖的人们应检查一下便携式取暖设备是否能正常工作，还要备有足够的毯子和保暖衣物。

最严重的警报是*冬季雪暴预警*、*冬季雪暴警报*和*雪暴警报*。冬季雪暴预警告知：在一两天内，恶劣天气会到达某一个地区，这能给大家时间做好准备。随着天气系统的逼近，开始发布冬季雪暴警报。这意味着恶劣天气已经开始，或在几个小时内马上来临。雪暴警报是所有警报中最严重的。风雪夹杂，寒风凛冽，并伴有低温（参见补充信息栏：风寒、冻伤、降温及雪寒），能见度几乎降到零，这时发布雪暴警报。

二十九
安全

每个冬季，严酷寒冷的天气、暴风雪和雪暴，无论它们发生在世界哪个地方，都会引起死亡。在所有死于寒冷的人中，1/5是在室内，一半超过60岁，3/4为男士。大部分死于室外的人也是40岁以上的男士。死者中仅有1/4在野外遇难，约70%困于车中。

死亡并非不可避免。如果做好充分的准备，你就能够在恶劣的天气中幸存下来。做好准备工作的秘诀是：在恶劣天气到来前，提早准备。了解信息也是关键因素之一。如果你知道做什么，并镇定地去做，你在灾难中幸存的机会就会大大增加。不要恐慌，因为恐慌会使事情变得更糟。

一场猛烈的暴风雪可能会把你困在家里好几天。电线和电话线也许出现故障，可能断电，不能用固定电话与外界直接联系。当然，也可能没这么糟糕，但应该针对这种情况做好准备。一听到冬季风暴戒备，就该开始准备。这也不过就是短短的一两天时间，千万珍惜。

供应充足，做好准备

可能需要购买储备品。做这件事时，告诉朋友和邻居你的行动及原因，他们可能没听到警报。

需要照明设备、取暖器材、食物和烹调用具，还有获取外界信息的途径。先确定所有使用电池的设备是否能正常运转，并留有备用电池。特别是要有可以使用电池的收音机或电视和手电筒。然后还要备有煤油灯、蜡烛和火柴。

确定手机工作正常与否，且电池电量已充满。

确定有足够的煤油、木头或炭用来取暖。一旦风暴到来，送货会中断。家用锅炉可能会停止运转，或是因为部件结冻，或是因为电力驱动的调温器或水泵。你可以用由罐装气体提供能量的手提炉具，以供基本的烹饪和烧水之用。要有备用气罐，但要放在远离炉具的地方。

确保所有使用燃料的炉具、壁炉或其他装置正常工作，并且通风良好。通风不畅会使一氧化碳在空气中积聚。这种气体无色、无味，但却有毒。

这些燃料有起火的危险。确保灭火器就在手边，处在备用状态，以及启动烟雾警报器。有必要的话，更换警报器里的电池。一桶沙子（或是猫砂）可以灭火。绝不要向起火的煤油或电线上泼水。

需要贮备足够坚持几天的食物。选那些不需要冰箱保存，不用烹饪的食品。确保备有足够的儿童食品及其他物品，储备高能量的食物，如花生、巧克力和干果等。买食物时，别忘了宠物的。一大团绳子可能派上用场。

随时会停水，要在浴缸里蓄水。如果用瓶装，准备每人每天1加仑（3.78升），备足3天用水。

如果家里有人在接受药物治疗，确保药量，并且每个人都应知道急救药放在哪里。

驾车外出

冬季，如果不得不在暴风雪时驾车，请备好小汽车或卡车。油箱备满，防止燃料用尽，也要避免油箱和燃料管结冰。另外，必须考虑到如果停电，加油站可能关闭，因为水泵是电动的。

然后，携带一个求生背包，里面放有睡袋或毯子、食物（如巧克力、糖果、花生或干果）、替换的衣服和鞋。求生背包还要有手电筒和备用电池、急救箱和使用手册、投币电话用币、蜡烛和防水火柴、锋利的小刀、用来融雪当水喝的铁罐、一根拖曳绳索、援助索（英国人称之为对接线）、雨刷、细沙或沙砾和一把铁锹（以免轮胎在冰上打滑）、一块显眼的红布。若你的车没有无线电天线，准备一根长棍。准备一个有盖子的大桶和卫生纸，以备方便。

出发前，带上指南针和所有可能用到的地图。用指南针时，你要站在车外，因为车的金属和电气系统会使指南针标示不准。出发前告诉某个人你要去哪里，计划行车路线，如果最佳路线堵塞，你的备用路线是什么以及预计到达的时间。尽量避免一个人开车出行。

警报来临

听到冬季雪暴警报时起，如果在家，就应该一直待在室内。除了急事，不要安排任何行程。如果你在户外，马上寻找藏身处，若在户外遭遇雪暴就有死亡的可能。

关紧家里不用的房间门窗，将下门缝用毛巾或毯子塞严，这会保存热量。关严窗户，晚上把它们遮盖起来。多穿几层衣服有助于保暖，宽松的衣服效果好于紧身的。避免出汗。规律进食，多饮水。

户外活动

如果身体健康，具有防范意识，那么风暴减弱时就可以到户外活动了。不要用力过度。铲雪是很辛苦的活儿，如果你不年轻，身体虚弱，太用力会导致心脏病发作。戴上护住腕部的手套、帽子（身体散失的一半热量是从头顶散发出去的）、御寒耳罩或其他保护耳朵的东西，保护嘴和鼻子，让吸入的空气在到达肺部前暖和一些。如果因为身体活动感到发热，就脱掉一层衣服。出汗会使衣服潮湿，这会让你浑身冰冷。

如果有人在大雪或雪暴时不得不到户外，不管多么简单的事，都要把他们系在救生索上。紧急备用品中的那团绳子就派上用场了。把绳子一端系在这个人的腰上，然后从屋里一点一点把绳子放开。能见度降到接近零的时候，人们很快就会因辨不清方向而迷路。

暴风雪开始时，你也许在户外，远离任何建筑物。此时要尽力避开风，不被打湿。用能找到的材料搭个防风墙。如果雪很深，就在里面挖个小窝。如果能找到可以点燃的东西，就生堆火。这样不但可以取暖，还会引人注意。要能找到石头，就放到火周围。石头会吸收热量，让人感觉更暖和。

躲避暴风雪时，把身体所有露在外面的地方都盖起来。戴上手套，把围巾裹好，用它盖上鼻子和嘴。不要吃雪，否则会降低体温，把雪融化后才可以喝。

如果车被困住

如果暴风雪开始时你在驾车，车又困在雪里，待在那里别动。如果不能清楚地看到目的地，不能轻易到达，绝不要离开车，以确保安全。对营救人员来说，在乡村地区，找一部车比找一个孤零零的人容易得多。而且在能见度很低的情况下，人很快就会迷失方向。

尽量使车子很显眼。给天线或长棍系上红布，让红布在高处飘动。晚上让车内顶灯亮着，若是有车外顶灯，晚上引擎运转时打开。

每小时开动引擎不超过10分钟，保持暖气开放。这为可能长久的等待节省燃料。引擎运转时，稍稍打开窗户，以防积聚过多的一氧化碳。每次启动引擎前，确保排气管没被雪堵塞。其他时候都待在车里。

等待救援时，活动身体保持温暖。拍手、跺脚、摇动胳膊，尽量用力地活动手指和脚趾。饮食要有规律。可以喝融化的雪水，但不要吃雪。

保持清醒。睡觉时，体内温度下降，这在极度恶劣的天气里非常危险。听收音机、唱歌、大喊，使尽克服睡眠的所有解数，尤其在晚上气温更低的时候。

如果保持清醒，待在车里，沉着应对，你的生命就可以尽可能地被保住。记住，人们正在寻找你。如果你留下了行车路线的详细信息，营救人员会寻迹而来（有路可寻），否则，他们会把整个周边地区找个遍。你不可能是唯一一位搁浅的驾车者，所以救助可能最后才会轮到你。

因寒冷死亡几乎都可以避免。在暴风雪或雪暴到来前做好充分准备。了解应采取什么措施，并能付诸行动。穿着适当，谨慎应对。当最后雪停风住，气温再次回升时，你会因这段经历感觉更棒。

附录

蒲福风级

风力等级	名称	风速：英里/小时（公里/小时）	陆上地物征象
0	无风	1.6（0.1）或更少	静烟直上。
1	软风	1.6—4.8（1—3）	风向标，风向旗不动，但升起的烟飘移，能指明风向。
2	轻风	6.4—11.2（4—7）	飘烟指明风向。
3	微风	12.89—19.3（8—12）	小树枝沙沙作响摇动不息，由薄而轻的材料做成的旗展开轻拂。
4	和风	20.9—28.9（13—18）	能吹起落叶、纸张。
5	清劲风	30.5—38.6（19—24）	长满叶子的小树在风中摇摆。
6	强风	40.2—49.8（25—31）	撑伞困难。
7	疾风	51.4—61.1（32—38）	风对迎面而来的行人施加很大的力，迎风步行感觉不便。

续　表

风力等级	名称	风速：英里/小时（公里/小时）	陆上地物征象
8	大风	62.7—74.0（39—46）	小树枝被刮断。
9	烈风	75.6—86.8（47—54）	烟囱被刮掉下来，石板、瓦片被掀起从屋顶掉落。
10	狂风	88.5—101.3（55—63）	大树刮断或连根拔起。
11	暴风	102.9—120.6（64—75）	树连根拔起，并被吹走；翻车。
12	飓风	120.7（75）	四处被毁，满目疮痍。建筑物倒塌，许多树连根拔起。

雪崩等级

雪崩有五个等级，每个等级强度都是前一个等级的10倍

级别	损　　害	路径宽度
1	把人撞倒，但不能把人埋没	33英尺（10米）
2	埋人，使人受损与死亡	330英尺（100米）
3	埋车，破坏小汽车与卡车，损毁小型建筑物，破坏树木	3 330英尺（1 000米）
4	损毁火车车厢、大卡车，毁坏建筑物，破坏森林达10英亩（0.04平方公里）	6 560英尺（2 000米）
5	所知道的最大等级，破坏村庄，破坏森林达100英亩（0.4平方公里）	9 800英尺（3 000米）

国际单位及单位转换

单　位	位量的名称	单位符号	转换关系
基本单位			
米	长　度	m	1米＝3.280 8英尺
千克（公斤）	质　量	kg	1公斤＝2.205磅
秒	时　间	s	
安　培	电　流	A	
开尔文	热力学温度	K	1 K＝1℃＝1.8℉
坎德拉	发光强度	cd	
摩　尔	物质的量	mol	
辅助单位			
弧　度	平面角	rad	$\pi/2$ rad＝90°
球面度	立体角	sr	
库　仑	电荷量	C	
立方米	体　积	m^3	1米^3＝1.308码^3
法　拉	电　容	F	
亨　利	电　感	H	
赫　兹	频　率	Hz	
焦　耳	能　量	J	1焦耳＝0.238 9卡路里
千克/米^3	密　度	$kg\cdot m^{-3}$	1千克/立方米$^-$＝0.062 4磅/英尺

续　表

单　　位	位量的名称	单位符号	转　换　关　系
流　明	光通量	lm	
勒克斯	光照度	lx	
导出单位			
米/秒	速　度	$m \cdot s^{-1}$	1米/秒＝3.281英尺/秒
米每二次方秒	加速度	$m \cdot s^{-2}$	
摩尔/立方米	浓　度	$mol \cdot m^{-3}$	
牛　顿	力	N	1牛顿＝7.218磅力
欧　姆	电　阻	Ω	
帕斯卡	气　压	Pa	1 Pa＝0.145磅/平方英寸
弧度/秒	角速度	$rad \cdot s^{-1}$	
弧度/二次方秒	角加速度	$rad \cdot s^{-2}$	
平方米	面　积	m^2	1平方米＝1.196平方码
特斯拉	磁通量密度	T	
伏　特	电动势	V	
瓦　特	功　率	W	1瓦特＝3.412英热单位/小时（$Btu \cdot h^{-1}$）
韦　伯	磁通量	Wb	

国际单位制使用的前缀（放在国际单位的前面从而改变其量值）

前　缀	代　码	量　值
阿　托	a	$\times 10^{-18}$
费　托	f	$\times 10^{-15}$
皮　可	p	$\times 10^{-12}$
纳　诺	n	$\times 10^{-9}$
微	μ	$\times 10^{-6}$
毫	m	$\times 10^{-3}$
厘	c	$\times 10^{-2}$
分	d	$\times 10^{-1}$
十	da	$\times 10$
百	h	$\times 10^{2}$
千	k	$\times 10^{3}$
兆	M	$\times 10^{6}$
吉　伽	G	$\times 10^{9}$
太　拉	T	$\times 10^{12}$

参考书目及扩展阅读书目

Allaby, Michael. *Dangerous Weather: A Change in the Weather*. New York: Facts On File, 2004.

——. *Facts On File Weather and Climate Handbook*. New York: Facts On File, 2002.

——. *Deserts*. New York: Facts On File, 2001.

——. *Encyclopedia of Weather and Climate*. 2 vols. New York: Facts On File, 2001. "Antarctica: The End of the Earth." Available on-line. URL: www.pbs.org/wnet/nature/antarctica.Accessed October 29, 2002.

Antarctic Connection. "McMurdo Station." Available on-line URL: www.antarctic connection .com/antarctic/stations/mcmurdo.shtml. Accessed November 13, 2002.

——. "Researchers Describe Overall Water Balance in Subglacial Lake Vostok."

Antarctica News Archives. Available on-line. URL: www. antarcticconnection.com/antarctic/news/2002/03230202.shtml.Posted

March 23, 2002.

Arnett, Bill. “Ganymede.” Available on-line. URL: http: //seds.lpl. arizona.edu/nineplanets/ganymede.html.Last updated October 31, 1997.

“Avalanche Awareness.” National Snow and Ice Data Center. Available on-line. URL: http: //nsidc.org/snow/avalanche. Accessed February 11, 2003.

Barry, Roger G., and Richard J. Chorley. *Atmosphere, Weather & Climate*. 7th ed. New York: Routledge, 1998.

Bentley, W. A., and Humphreys, W. J. *Snow Crystals*. New York: Dover Publications, 1990.

British Antarctic Survey. Natural Environment Research Council. Home page available on-line. URL: www.antarctica.ac.uk/Living-and-Working/Stations. Accessed November 13, 2002.

Bueckert, Dennis. “Ice Storm Damage Tallied.” *CNews*, December 15, 1998. Available on-line. URL: www.canoe.ca/CNEWSIceStorm/icestorm_dec15_cp. html.

Bunce, Nigel, and Jim Hunt. “James Hutton—the Father of Geology.” The Science Corner, College of Physical Science, University of Guelph. Available on-line. URL: http://helios. physics. uoguelph. ca/summer/scor/articles/scor 164. htm. Accessed November 19, 2002.

Calder, Nigel. “Some context.” Available on-line. URL: www.wmc. care4free.net/sci/iceage/calder. context. html. Accessed November 20, 2002.

Claypole, Jim, and Yvonne Claypole. “Jim’s Diary.” Available on-line. URL: www.sofweb.vic.edu.au/claypoles/diary/jim 33. htm. Accessed May 19, 1999.

Connolley, W. M. "Antarctic Weather." Available on-line. URL: www.nbs.ac.uk/public/icd/wmc/Blueice/weather.html. November 22, 1995.

Dennis, Jerry. "Nature Baroque: Snowflakes & Crystals." *Northern Michigan Fournal*. Available on-line. URL: www.leelanau.com/nmj/winter/nature_baroque.html. Accessed February 11, 2003.

"General Circulation of the Atmosphere." Available on-line. URL: http: //cimss.ssec.wisc.edu/wxwise/class/gencirc.html. October 2002.

"Greenland Guide Index." Available on-line. URL: www.greenland-guide. gl/default.htm. Accessed October 29, 2002.

Hall, Dorothy, Nick DiGirolamo, George Riggs, and Janet Chien. "Below-average Snow Cover over North America." *Visible Earth*. NASA. Available on-line. URL: http://visibleearth.nasa.gov/cgibin/viewrecord. Accessed November 22, 2002.

Hamilton, Calvin J. "Ganymede: Jupiter III." Available on–line. URL: www. solarviews.com/eng/ganymede.html. Accessed October 31, 2002.

Hardy, Doug. "Kilimanjaro Summit Measurements: Climate and Glaciers." Available on–line. URL: www. geo.umass.edu/climate/tanzania/synopsis.html. Updated May 1, 2002.

Harper, Lynn D., and Greg Schmidt. "Lake Vostok May Teach Us about Europa." *Astrobiology: The Study of the Living Universe*. NASA.

Available on–line. URL: http://astrobiology, arc.nasa.gov/stories/europa_vostok_0899.html. Posted August 5, 1999.

Hartwick College. "Ice Ages and Glaciation." Available on–line. URL: http://info. hartwick, edu/geology/work/VFT–so–far/glaciers/glacier 1. html. Accessed November 19, 2002.

Heidorn, Keith C. "Lake–Effect Snowfalls." *Weather Phenomenon and Elements*. February 26, 1998. Available on–line. URL: www. islandnet.com/~see/weather/ elements/1 kefsnw2.htm.

Helfferich, Carla. "A Farewell to All Six Sides of Ice and Snow: Article # 1180." Alaska Science Forum, University of Alaska, Fairbanks April 21, 1994. Available on–line. URL: www. gi.alaska.edu/ScienceForum/ASF11/1180.html.

Hoffman, Paul F., and Daniel P. Schrag. "The Snowball Earth." Harvard University. Available on–line. URL: www. eps.harvard.edu/people/faculty/hoffman/ snowball_paper, html. August 8, 1999.

Holland, Earle. "African ice core analysis reveals catastrophic droughts, shrinking ice fields and civilization shifts." Available on–line. URL: www. acs.ohiostate. edu/researchnews/archive/kilicores/htm. Updated October 17, 2002.

Houghton, J. T., et al. *Climate Change 2001: The Scientific Basis*. Contribution of Working Group I to the Third Assessment Report of the Intergovernmental Panel on Climate Change. Cambridge, U.K.: Cambridge University Press, 2001.

"Ice." Available on–line. URL: www. glacier.rice.edu/land/5_ tableofcontents.html. Accessed October 28, 2002.

Jet Propulsion Laboratory. "Moons and Rings of Jupiter." Available on-line. URL: http://galileo.jp 1.nasa.gov/moons/europa.html. Accessed October 31, 2002.

Kendrew, W. G. *The Climates of the Continents*. 5th ed. Oxford, U.K.: Clarendon Press, 1961.

Kennedy, Martin. "A Curve Ball into the Snowball Earth Hypothesis?" *Geology*, December 2001. Geological Society of America. Summary available on-line. URL: www. sciencedaily. com/releases/2001/12/011204072512.htm. December 4, 2001.

Kid's Cosmos. "Channeled Scablands." Available on-line. URL: www. kidscosmos. org/kidstuff/mars-trip-scablands.html. Accessed November 20, 2002.

Lamb, H. H. *Climate, History and the Modern World*. 2d ed. New York: Routledge, 1995.

Libbrecht, Kenneth G. "Snow Crystals." California Institute of Technology. Available on-line. URL: www. its.caltech.edu/~atomic/snowcrystals. Accessed February 11, 2003.

Lutgens, Frederick K., and Edward J. Tarbuck. *The Atmosphere*. 7th ed. Upper Saddle River, N.J.: Prentice-Hall, 1998.

Nakaya, Ukichiro. *Snow Crystals: Natural and Artificial*. Cambridge: Harvard University Press, 1954.

National Science Foundation. "Lake Vostok." NSF Fact Sheet. Office of Legislative and Public Affairs. Available on-line. URL: www. nsf. gov/

od/lpa/news/02/ fslakevostok.htm. May 2002.

National Weather Service. "Lake Effect Weather Page." Available on-line. URL: www. erh.noaa.gov/er/buf/lakeeffect/indexlk.html. Accessed February 14, 2003.

Newitt, Larry. "Magnetic Declination: What Do You Mean 'North Isn't North' ." Geological Survey of Canada. Available on-line. URL: www. gerolab.nrcan.gc.ca/geomag/e_magdec.html. September 8, 1999.

New Scientist. "Snowball Earth." Available on-line. URL: http:// xgistor. ath.cx/files/ ReadersDigest/snowballearth.html. November 6, 1999.

Nicosia, David. "The Blizzard of 1993: One of the Worst in Modern Times." National Weather Service Binghamton. Available on-line. URL: www. erh.noaa. gov/er/bgm/news/mar02.txt. Accessed February 6, 2003.

Oliver, John E., and John J. Hidore. *Climatology*, *An Atmospheric Science*. 2d ed. Upper Saddle River, N.J.: Prentice Hall, 2002.

"Original Bentley images." Jericho Historical Society. Available on-line. URL: http://snowflakebentley. com/snowflakes.htm. Accessed February 11, 2003.

Priscu, John. "Exotic Microbes Discovered Near Lake Vostok." Science@NASA. Available on-line. URL: http://science.nasa.gov/ newhome/headlines/ ast10dec99_2.htm. December 10, 1999.

Scientific Committee on Antarctic Research. "Stations of SCAR Nations operating in the Antarctic Winter 2002." The International Council for Science. Available on-line. URL: www. scar. org/

Antarctic%20Info/wintering_stations_2000.htm. Last updated November 8, 2002.

Sheldon, Addison Erwin. "History and Stories of Nebraska: Great Storms." *Oldtime Nebraska*. Available on-line. URL: www. ku.edu/~kansite/hvn/books/nbstory/ story38.html. Accessed February 13, 2003.

"Significant Scots: John Playfair." Electric Scotland. Available on-line. URL: www. electricscotland.com/history/other/playfair_john.htm. Accessed November 19, 2002.

Sohl, Linda, and Mark Chandler. "Did the Snowball Earth Have a Slushball Ocean?" Goddard Institute for Space Studies. Available on-line. URL: www. giss.nasa.gov/research/intro/sohl_01. Last modified November 12, 2002.

Spokane Outdoors. "Channeled Scablands Theory." Available on-line. URL: www. spokaneoutdoors.com/scabland.htm. Accessed November 20, 2002.

Tew, Mark. "National Weather Service Plans to Implement a New Wind Chill Temperature Index." Office of Climate, Water, and Weather Services. Available on-line. URL: http://205.156.54.206/om/windchill. Updated October 29, 2001.

"Three-Cell Model." Available on-line. URL: www. cimms. ou.edu/~cortinas/ 1014/125_html. October 2002.

Tindol, Robert. "Snowball Earth Episode 2.4 Billion Years Ago Was Hard on Life, but Good for Modern Industrial Economy, Research

Shows." Caltech Media Relations. Available on–line. URL: http://pr. caltech.edu/media/Press_Releases/ PR12031.html. February 14, 2000.

USA Today. "Weather Basics." Available on–line. URL: www. usatoday. com/ weather/tg/wamsorce/wamsorcl.htm.

"Vladimir Zenzinov Papers: Vladimir Zenzinov Biography." Available on–line. URL: www. amherst.edu/~acrc/zen/zenbio.html. Accessed February 6, 2003.

Waggoner, Ben. "Louis Agassiz (1807–1873)." University of California, Berkeley. Available on–line. URL: www. ucmp.berkeley. edu/ history/agassiz.html. Accessed November 19, 2002.

——. "Georges Cuvier (1769–1832)." University of California, Berkeley.Available on–line. URL: www. ucmp.berkeley. edu/history/ cuvier. html. Accessed November 19, 2002.

Wyhe, John van. "Georges Cuvier (1769–1832), leader of elite French science." The Victorian Web. Available on–line. URL: 65.107.211.206/victorian/ science/cuvier. html. Accessed November 19, 2002.

——. "Charles Lyell (1797–1875), gentleman geologist." The Victorian Web.Available on–line. URL: http://65.107.211.206/victorian/ science/lyell.html.Accessed November 19, 2002.

"Wilson A. Bentley: The Snowflake Man." Jericho Historical Society. Available on–line. URL: http://snowflakebentley. com. Accessed February 11, 2003.